茶道与茶艺

入门级

康清梅 主编

黑龙江科学技术出版社
HEILONGJIANG SCIENCE AND TECHNOLOGY PRESS

图书在版编目（CIP）数据

茶道与茶艺：入门级 / 康清梅主编. -- 哈尔滨：黑龙江科学技术出版社，2021.7
ISBN 978-7-5719-0860-7

Ⅰ. ①茶… Ⅱ. ①康… Ⅲ. ①茶道－中国②茶艺－中国 Ⅳ. ①TS971.21

中国版本图书馆 CIP 数据核字（2021）第 044786 号

茶道与茶艺：入门级
CHADAO YU CHAYI：RUMEN JI

主　　编　康清梅
策划编辑
封面设计　深圳·弘艺文化 HONGYI CULTURE
责任编辑　王化丽
出　　版　黑龙江科学技术出版社
地　　址　哈尔滨市南岗区公安街 70-2 号
邮　　编　150007
电　　话　（0451）53642106
传　　真　（0451）53642143
网　　址　www.lkcbs.cn
发　　行　全国新华书店
印　　刷　哈尔滨市石桥印务有限公司
开　　本　710 mm × 1000 mm　1/16
印　　张　13
字　　数　200 千字
版　　次　2021 年 7 月第 1 版
印　　次　2021 年 7 月第 1 次印刷
书　　号　ISBN 978-7-5719-0860-7
定　　价　39.80 元

Contents 目录

CHAPTER 1

品读源远流长的茶文化

CHAPTER 2

走近茶道与茶艺

CHAPTER 3

中国十大名茶品鉴

CHAPTER 4

七大茶类之识茶、泡茶

一、绿茶

二、红茶

三、黄茶

四、白茶

五、黑茶

六、乌龙茶

七、花茶

CHAPTER 1

品读源远流长的茶文化

茶在中国素有“国饮”之称，足见其文化内涵非一朝一夕而成。闲暇之时，手执一杯香茗，看轻烟缭绕，闻悠悠茶香，细细品读源远流长的中国茶文化。

一、“茶”的起源

1 “茶”音溯源

最初人们用“荼”字作为茶的称谓。但是，“荼”字有多种含义，易发生误解；而且“荼”是形声字，“艹”字头说明它是草本植物，不合茶是木本植物的身份。《尔雅》一书中，开始尝试着借用“槚（jiǎ）”字来代表茶树，但“槚”的原义是指楸、梓之类的树木，用来指茶树也会引起误解。所以，在“槚，苦荼”的基础上，又造出一个“搽”字，读“chá”

音，用来代替原先的“槚”“荼”。到了陈隋之际，出现了“茶”字，改变了原来的字形和读音，多在民间流传使用。直到唐代陆羽《茶经》之后，“茶”字才逐渐流传开来，运用于正式场合。

茶传到国外后，世界各国最初对茶的称呼都是从中国对外贸易所在地广东、福建一带的“茶”的方言音译而来的。因茶叶输出地区发音有区别，各国的茶字读音也随之不同，大致可分为北方音“cha”和厦门音“te”两大系统。例如，土耳其读作 cay/chay，印度读作 chai，英国读作 tea，美国读作 tea，法国读作 the，意大利读作 te。

2 “茶”的字形演变

在中国古代，表示茶的字有多个，《茶经》中记载“其字或从草，或从木，或草木并。其名，一曰茶，二曰槚，三曰蔎（shè），四曰茗，五曰荈（chuǎn）”。在《尔雅·释木》之中记载“槚，苦荼”。《魏王花木志》中说：“荼，叶似栀子，可煮为饮。其老叶谓之荈，嫩叶谓之茗。”直到唐代陆羽第一次在《茶经》中使用统一的“茶”字之后，才渐渐流行开来。

3 “茶”的雅号别称

在唐代以前，“茶”字还没有出现。《诗经》中有“荼”字，《尔雅》称茶为“槚”，《方言》称“蔎”，《晏子春秋》称“茗”，《凡将篇》称“荈”，《尚书·顾命》称“诧”。

另外，古时的茶是一物多名，在陆羽的《茶经》问世之前，茶还有一些雅号别称，如水厄、酪奴、不夜侯、清友、玉川子、涤烦子等。后来，随着各种名茶的出现，往往以名茶的名字来代称“茶”，如“龙井”“乌龙”“大红袍”“雨前”等。

二、茶叶的制作

1 采摘

茶树一年可生长 4~6 轮芽叶，一般采收嫩芽和嫩叶。依茶叶的不同可有一芽一叶、一芽二叶、一芽三叶的不同选择。采收方式有人工采收和机器采收两种。采摘过程中若损伤到茶叶，会降低茶叶的品质，因此，市面上常见的高级茶叶多是以人工方式采收的。

2 萎凋

萎凋是指将鲜叶通过日光照射或增加空气流通的方法，使之失去部分水分，从而变软、变色，同时使空气进入茶叶细胞内部，为发酵做好准备。萎凋处理是否得当关系到成茶品质的优劣。若失水过快，会导致茶叶味道淡薄；若叶内积水，会导致茶有苦涩味。

3 发酵

发酵是茶叶细胞经外力作用破损后，在空气中发生氧化作用，茶叶细胞内的多酚类化合物在酶的催化作用下，生成茶黄素、茶红素等氧化产物的过程。发酵的程度不同，茶叶的风味也不同，因此茶叶有不发酵茶（如绿茶）、部分发酵茶（如乌龙茶）、全发酵茶（如红茶）的区别。

④ 杀青

杀青是用高温将茶叶炒熟（炒青）或蒸熟（蒸青）的过程。高温可以破坏发酵过程中酶的活性，使发酵过程停止，从而控制茶叶的发酵程度。如果制作不发酵茶，如绿茶，则可以在萎凋后直接杀青。杀青还能够消除茶鲜叶中的青臭味，逐渐生成茶叶的香气。

⑤ 揉捻

揉捻是通过人工或机器使杀青之后的茶叶卷曲紧缩的过程。揉捻的压力可以使叶片内的汁液渗出，附着于茶叶表面，在冲泡时，茶叶中的内含物能很快溶解于热水中，成为香醇的茶汤。揉捻的手法有压、抓、拍、团、搓、揉、扎等，可制成片状、条形、针形、球形等。

⑥ 干燥

根据操作方式的不同，干燥可分为炒干、烘干、晒干三种。茶叶经过干燥后可终止其进一步发酵，使茶叶的体积进一步收缩，便于保存。传统的干燥方式主要靠锅炒、日晒，现在大多使用机器烘干。干燥后的茶叶称为“初制茶”或“毛茶”。

⑦ 精制、加工、包装

精制是对初制茶的进一步筛选分类，包括筛分、剪切、拔梗、覆火、风选等程序，并将其依照品质来分级。加工包括焙火、窨花等，可以形成茶叶独特的风味和香气。焙火分为轻火、中火、重火三种，窨花常用的花朵为茉莉、桂花、珠兰、菊花等。加工后的茶叶经过恰当的包装，有利于储存、运输和销售。

三、饮茶方式的演变

中国人饮茶已有数千年的历史。“神农尝百草，日遇七十二毒，得荼而解之。”可见当时茶主要是作为药用，而真正的“茗饮”应是秦统一巴蜀之后的事。

1 【汉魏六朝】用冷水煮茶

饮茶历史起源于西汉时的巴蜀之地。从西汉到三国时期，在巴蜀之外，茶是仅供上层社会享用的珍稀之品。关于汉魏六朝时期饮茶的方式，古籍中仅有零星记录，《桐君采药录》中说：“巴东别有真香茗，煎饮令人不眠。”这一时期的饮茶方式是煮茶法，以茶入锅中熬煮，然后盛到碗内饮用。当时还没有专门的煮茶、饮茶器具，大多是在鼎或釜中煮茶，用吃饭的碗来饮茶。

2 【魏晋时期】采摘茶叶制茶饼

魏晋南北朝时期，饮茶之风已逐步形成。这一时期，南方已普遍种植茶树。《华阳国志·巴志》中说：“其地产茶，用来纳贡。”《蜀志》记载：“什邡县，山出好茶。”魏晋时期，三峡一带的茶饼制作与煎煮方式仍保留着以茶为粥或以茶为药的特征。操作过程是先采摘茶树的老叶，将其制成茶饼，再把茶饼放在火上微烤至变色，然后将茶饼捣成细末，最后浇以少量米汤固化制型。

3 【唐代】始创煎茶法

到了唐代，饮茶风气渐渐普及全国。自陆羽的《茶经》出现后，茶道更加兴盛。当时饮茶之风盛行到民间，人们都把茶当作家常饮料，甚至出现了茶水铺，“不问道俗，投钱取饮”。唐朝的茶，以团饼为主，也有少量粗茶、散茶和米茶。饮茶方式除延续汉魏南北朝的煮茶法外，又有阉茶法和煎茶法。将茶投入瓶缶中，灌以沸水浸泡，称为“阉茶”。“阉”义同“淹”，即用沸水淹泡茶。煎茶法是陆羽所创，主要程序有：备器、炙茶、碾罗、择水、取水、候汤、煎茶、酌茶、啜饮。与“散叶茶末皆可，冷热水不忌”的煮茶法不同，煎茶法通常用茶末，用沸水，一沸调盐，二沸投茶，环搅，三沸而止。

4 【宋代】盛行“点茶”

饮茶的习俗在唐代得以普及，在宋代达到鼎盛。此时，不但王公贵族经常举行茶宴，皇帝也常以贡茶宴请群臣。在民间，茶也成为百姓生活中的日常必需品之一。宋朝前期，茶以片茶（团、饼）为主；到了后期，散茶取代片茶占据主导地位。在饮茶方式上，除了继承隋唐时期的煎茶法和煮茶法外，又兴起了点茶法。为了评比茶质的优劣和点茶技艺的高低，宋代盛行“斗茶”，而点茶法也就是在斗茶时所用的技法。先将饼茶碾碎，置茶盏中待用，以釜烧水，微沸初漾时，先在茶盏里注入少量沸水调成糊状，然后再注入适量沸水，边注边用茶筅搅动，使茶末上浮，产生泡沫。

5 【元明】多用散茶泡茶

元朝泡茶多用末茶，并且还杂以米面、麦面、酥油等作为佐料。明代的细茗则不加佐料，直接投茶入瓯，用沸水冲点，杭州一带称之为“撮泡”，这种泡茶方式是后世泡茶的先驱。明太祖朱元璋正式废除团饼茶，提倡饮用散茶。宁王朱权（朱元璋的十七子）对茶道颇有研究，著有《茶谱》一书。

自他之后，茶的饮法逐渐变成现今直接用沸水冲泡的简易形式。

明代“文士茶”也颇具特色，尤以“吴中四才子”为最。文徵明、唐寅、祝允明和徐祯卿都是怀才不遇的大文人，多才多艺又嗜茶，开创了“文士茶”的新局面。他们更加强调品茶时对自然环境的选择和审美氛围的营造，使品茶成为一种契合自然、回归自然的高雅活动。

6 【清朝】“工夫茶艺”兴盛

清朝时期在茶叶品饮方面的最大成就是“工夫茶艺”的完善。工夫茶，是为适应茶叶撮泡的需要，经过文人雅士的加工提炼而成的品茶技艺，明代形成于浙江一带的都市里，扩展到闽、粤等地，到了清朝时期，逐渐转移到以闽南、潮汕一带为中心，至今以“潮汕工夫茶”最负盛名。工夫茶讲究茶具的艺术美、冲泡过程的程式美、品茶时的意境美，此外还追求环境美、音乐美。清朝茶人已将茶艺推进到尽善尽美的境地，达到了工夫茶的鼎盛时期。

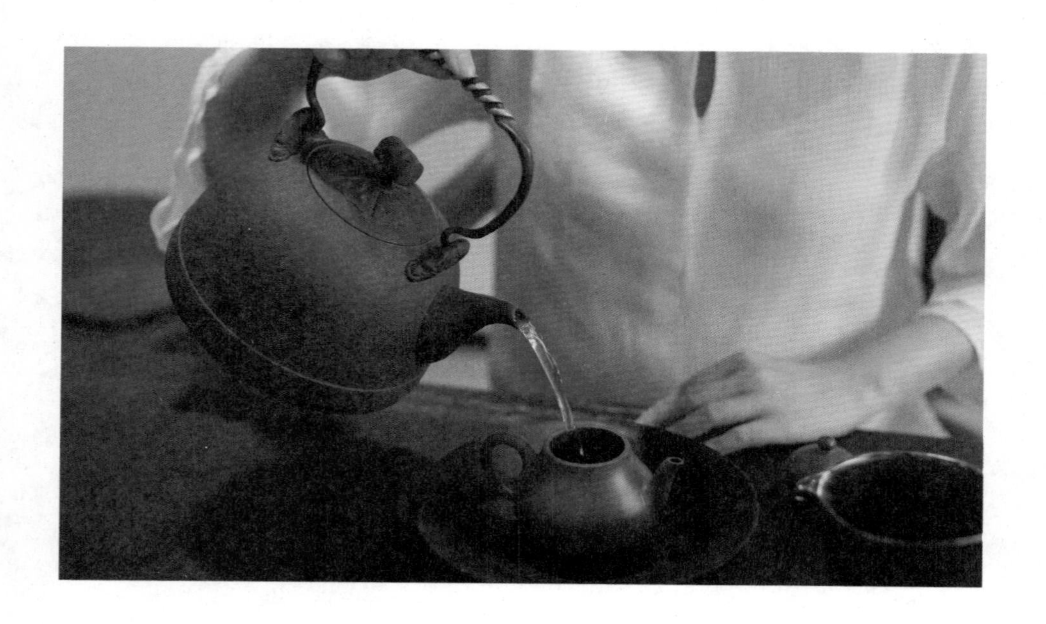

四、各地饮茶文化

❶ 老北京的大碗茶

说起老北京的大碗茶，老辈们或许会想起曾经几人一边分着喝 2 分钱一大碗的茶，一边闲聊斗嘴的日子。大碗茶常常在茶摊或茶亭中出现，主要为过往的客人解渴小憩。大碗茶的做法很简单，可以直接把茶叶放入水中，熬煮成一大壶；也可以将特有的成茶直接盛入大碗中，盖上玻璃等待过路口渴的行人。大碗茶随意，无须讲究喝茶方式，摆设也很简单，一张桌子，几条凳子，若干只粗瓷大碗便可。

大碗茶最盛行的时候其实还是清朝。那时候，北京四九城的街面上到处都有大大小小的茶楼、茶园、茶馆，接待着来来往往的茶客。当年的茶客中有相当一部分人是八旗子弟，他们依靠朝廷发的粮饷度日，每天懒懒散散地在北京城内混日子，遛遛鸟、喝喝茶。茶馆也就成了这些人几乎每天都要光顾的地方。

如今，这些理所当然地成为回忆。不过，大碗茶由于贴近社会、贴近生活、贴近百姓，依然受到人们的喜爱。即便是生活条件不断得到改善的今天，大碗茶仍然不失为一种重要的饮茶方式。

2 成都的盖碗茶

蜀中茶文化在中国茶文化历史上颇具代表性，而其中最具代表性的茶文化就是蜀中独有的盖碗茶。

盖碗茶是由成都最先创制的一种特色饮茶方式。盖碗茶分为三个部分，包括茶盖、茶碗和茶舟。茶舟又叫茶船子，也就是托着茶杯的茶托，相传是唐代西川节度使崔宁之女所发明。原来的茶杯没有底托，常会烫到手指，她就巧思发明了木盘子来承托茶杯。为防止喝茶时茶杯倾倒，她用蜡将木盘中央环上一圈儿，使杯子便于固定。后来，茶舟改用漆环来代替蜡环。这种特有的饮茶方式诞生之后，就逐步向周边地区发展，后世遍及南方。后来，根据人们的不断改进，茶舟也变得越来越精巧了。所谓的“茶舟文化”，实际上就是盖碗茶文化。

旧时，川人饮用盖碗茶很有讲究。品茶之时，以托盘托起茶碗，用盖子轻刮半覆，吸吮而啜饮。若把茶盖置于桌面，则表示茶杯已空，茶博士（指卖茶的伙计）即会将水续满；若临时离开，只需将茶盖扣置于竹椅之上，不会有人侵占座位。茶博士斟茶也很有技巧，水柱临空而降，泻入茶碗，翻腾有声，须臾之间，戛然而止，茶水恰与碗口平齐，无一滴溢出，简直是一种艺术享受。

饮用盖碗茶时，一手提碗，一手握盖，用碗盖顺碗口由里向外刮几下，一来可以刮去茶汤面上的漂浮物，二来可以使茶叶和添加物的汁水相融；然后以盖半覆，吸吮而饮。

3 湖南的擂茶

擂茶是湖南益阳、常德等地的特色饮品，旧时制法是把新鲜茶叶、生姜和生米仁三种原料混合、研碎、加水，烹煮成汤。如今的擂茶，除了茶叶外，还配以炒熟的花生仁、芝麻、米花，调料有生姜、食盐、胡椒粉等，把这些原料放在特制的陶质擂钵内，然后用硬木擂棍用力旋转，使各种原料混合，再取出，一一倾入碗中，用沸水冲泡，用调匙轻轻搅拌匀，即调

成擂茶。擂茶根据所加调料的不同具有不同的功效，如止渴、消暑、抗寒等，深受当地人们的喜爱。擂茶从制作到品尝共有六道程序。

第一道程序：备具迎宾。清洗擂茶用具，准备擂茶迎宾，展现擂茶茶艺特有的茶具——擂钵、擂棒。

第二道程序：八宝现身。请宾客欣赏擂茶所用的原料，它们由炒米、茶叶、生姜、黄豆、花生仁、芝麻、陈皮、调味的糖或盐等八种配料组成，每种配料都已经过不同的方法精心加工。

第三道程序：磨碎配料。将配料一一投入擂钵中，用擂棒细细磨碎。擂茶本身就是很有表现力的艺术，擂茶时无论是动作还是擂钵发出的声音，都极有韵律。

第四道程序：冲调擂茶。将开水注入擂钵中，并不断用擂棒搅拌。擂钵中各种配料混合，散发着扑鼻的香气，一钵“水乳交融”、香喷喷的擂茶就制作好了。

第五道程序：香茶敬客。用木勺将擂茶分斟到茶碗里，并按照长幼顺序敬奉给客人。

第六道程序：品味香浓。喝一口擂茶，花生芝麻的浓香及茶的清香让人心旷神怡、口舌生津，余味无穷。擂茶更有美容养颜等功效，故人们常说“日饮两碗擂茶，胜吃两剂补药”。

4 大理的三道茶

无论是逢年过节、生辰寿诞，还是男婚女嫁、拜师学艺等喜庆日子，云南大理的白族人都喜欢以“一苦，二甜，三回味”的三道茶招待亲朋好友。这三道茶，每一道的制作方法、所用原料及蕴含意义都是不一样的。

第一道茶为“清苦之茶”，意思是做人做事要先吃苦。将茶叶放入烤热的砂罐中，茶叶色泽由绿转黄且发出焦香时，注入烧沸的开水，随即取浓茶汤饮用。由于这道茶经烘烤、煮沸而成，看上去色如琥珀，闻起来焦香扑鼻，喝下去滋味苦涩，因此称“苦茶”。苦茶通常只有半杯，客人接过主人的茶盅，应一饮而尽。

第二道茶为“甜茶”，意思是人生在世，做什么事，只有吃得了苦，才会有甜香来。客人喝完第一道茶后，主人重新用小砂罐置茶、烤茶、煮茶。与第一道茶有所不同的是，这次茶盅中放入少许红糖，因此沏好的茶才香中带甜，非常可口。

第三道茶为“回味茶”，意思是人们凡事要多“回味”，尤其应记得“先苦后甜”的哲理。

第三道茶与前两次的煮茶方法相同，只是茶中新加了适量蜂蜜、少许炒米花、若干粒花椒、一撮核桃仁。客人喝这第三道茶时，要边晃动茶盅，使茶汤和佐料均匀混合，口中边呼呼作响，趁热饮下。这道茶喝起来甜、酸、苦、辣各味俱全，回味无穷，象征着人生百态。

5 潮汕的工夫茶

潮汕的工夫茶作为潮汕地区的茶艺代表，又被称为“潮汕茶道”。潮汕茶道是我国众多古老茶文化中的一种，经过考证，早在唐朝时期，潮汕的茶文化已经粗具发展规模，潮汕等沿海地区家家户户都有喝茶的习惯。潮汕地区的人常用茶来招待客人，并誉其为“最佳待客礼仪”。在潮汕地区，煮工夫茶的茶具是每家必备用具，传统人家每天都会喝上几次工夫茶。工夫茶与其他茶相比更“浓”。刚开始喝工夫茶的时候，常常会觉得茶汤苦涩、味道不够清爽，但是喝习惯之后就会觉得工夫茶够味，而其他的茶太过寡淡。

泡工夫茶用的茶叶是乌龙茶，潮汕一带以单丛最普遍。乌龙茶花香馥郁且香型多样，叶底具有“绿叶红边”的特点。

潮汕工夫茶的冲泡很讲究。喝工夫茶一般一次斟茶的杯数不超过四杯，主人负责泡茶。首先煮水，并将茶叶放入冲罐中，以占其容积之七分为宜。水开后冲入装有茶叶的冲罐中，之后盖沫。以初沏之茶浇冲杯子，目的是使茶的气韵贯彻杯子，喝茶的时候更感觉茶味浓郁，并营造一种茶韵的气氛。洗过茶后，再冲入刚烧开的沸水，茶叶在这个时候已经完全泡开了，性味俱发，可以斟茶饮用了。主人在斟茶时，应该将 3~4 只茶杯并围在一起，以冲罐穿梭于茶杯之间，直至每杯均达七分满时停止，潮汕人称此过程为“关公巡城”。此时罐中之茶水也应该所剩不多，剩下的一点儿茶汤还应该一点一抬头地依次点入四只杯子中，这就是潮汕人所说的“韩信点兵”。最后，主人将斟好的茶依长幼次第双手奉于客前，先敬首席，左右嘉宾次之，自己最末。如果客人较多，则轮流品饮，每次饮过后的品茗杯都会用开水烫洗，为了保证茶味甘鲜，泡茶之水都会现煮现冲。

五、茶叶的营养成分

茶为药用，在我国已有 2700 年的历史，《神农本草经》《茶谱》等书中对其药用价值有详细的记载。随着科技的发展，茶的保健作用得到了进一步的揭示。

❶ 茶多酚

茶多酚不是一种物质，而是三十多种酚类物质的总称，包括儿茶素、黄酮类、花青素和酚酸等，具有抗氧化、抗菌、抗突变、抗癌、降血压、防止动脉粥样硬化及心血管病等作用。茶多酚的含量占茶叶干物质总量的 20%~41%，在茶多酚总量中，儿茶素约占 70%，它是决定茶叶色、香、味的重要成分。

❷ 茶多糖

茶多糖是一种酸性糖蛋白，并结合有大量的矿物质元素，具有降血糖、降血脂、降血压、提高免疫力、增加冠脉流量、抗血栓等作用。近些年来发现，茶多糖还具有辅助治疗糖尿病的功效。从原料的老嫩来看，老叶的茶多糖含量比嫩叶多。

③ 茶氨酸

茶氨酸是茶叶中特有的氨基酸，是形成茶汤鲜爽度的重要成分，让茶汤具有润甜的口感和生津的作用，具有降血压、镇静、提高记忆力、减轻焦虑等作用。在新茶中，茶氨酸的含量占 1%~2%，随茶叶发酵过程减少。

④ 生物碱

茶叶中的生物碱包括咖啡碱、可可碱和茶碱。其中，咖啡碱的含量最高，占茶叶干物质总量的 2%~5%，它易溶于水，是形成茶叶滋味的重要物质，也是衡量茶叶品质优劣的指标之一，具有提神、利尿、促进血液循环、帮助消化等作用。

⑤ 维生素

茶叶中含有丰富的维生素，其中维生素 A 和维生素 C 含量较多，前者具有预防夜盲症、干眼症、白内障，维持上皮组织健康及抗癌的作用，后者具有抗氧化、抗衰老、防治坏血症和贫血、提高免疫力、预防流感、抗癌等作用。

⑥ 矿物质

茶叶中含有二十多种矿物质元素，包括氟、钙、磷、钾、硫、镁、锰、锌、硒、锗等。其中，氟对预防龋齿有明显的作用，硒对抗肿瘤有积极的作用，钾有维持心脏健康的作用，锰与骨骼代谢、生殖功能和心血管健康有关，锌有助于促进伤口愈合。

六、茶叶的保健效果

茶叶对人体的保健功效，既有来自长期经验的积累和总结，又有科学研究方法的印证。坚持饮茶，能促进内脏器官的健康，帮助身体排毒，令人精神焕发。

❶ 预防心血管疾病

茶多酚对人体的脂肪代谢可起到重要作用，尤其是茶多酚中的儿茶素及其氧化产物茶黄素等，有助于抑制动脉粥样硬化斑块的产生，降低使血液黏度增强的纤维蛋白原的含量，从而预防心血管疾病。

❷ 消脂减肥

茶叶中的咖啡碱有助于分解脂肪。在各类茶叶中，绿茶、乌龙茶的消脂功效较为显著，乌龙茶还被作为中医临床减肥茶的主要原料，可防止身体吸收过度摄取的脂肪，并及时将其排出体外。

❸ 延缓衰老

现代医学研究表明，体内自由基过多是导致人体老化的重要原因。人在 35 岁之后，身体清除自由基的能力会逐渐减弱，而常饮富含茶多酚、维生素 C 等抗氧化物质的茶，能够帮助身体清除自由基，延缓内脏器官的衰老。

4 美容护肤

日本科学家研究发现，茶叶中的茶多酚能将人体内含有的黑色素吸附后排出体外。而直接用茶水洗脸，更能清除面部油腻，收缩毛孔，防止皮肤老化，减轻紫外线辐射对皮肤的伤害。

5 帮助消化

茶叶中的咖啡碱和儿茶素有松弛消化道的作用，可改善胃肠功能，促进消化。同时，茶叶中的有效物质还能及时清除消化道内的有害物质，预防消化道疾病的发生。

6 提神醒脑

茶叶中的咖啡碱能兴奋人体的中枢神经，增强大脑皮层的兴奋过程，促进新陈代谢和血液循环，增强心脏动力。因此，常喝茶有缓解疲倦、提神益思的作用。

7 减轻辐射伤害

辐射对人体的损伤主要是自由基引发的多种连锁反应，茶叶中含有较多的茶多酚、咖啡碱和维生素 C，这些物质都有去除自由基的作用，因此有助于减轻电磁辐射对身体的不良影响。

8 防癌抗癌

研究证明，茶叶中的茶多酚有显著的抗基因突变效果，并能有效阻断人体内亚硝酸胺等多种致癌物质的合成，还具有直接杀伤癌细胞和提高身体免疫力的能力，对胃癌、肠癌等多种癌症有预防作用。

七、中国四大茶区

中国茶区根据生态环境、茶树品种、茶类结构分为四大茶区，即华南茶区、西南茶区、江南茶区、江北茶区。

1 华南茶区

华南茶区包括福建东南部、台湾、广东中南部、广西南部、云南南部及海南。华南茶区茶树品种主要为大叶类品种，小乔木型和灌木型中小叶类品种亦有分布，生产茶类品种有乌龙茶、工夫红茶、红碎茶、绿茶、花茶等。华南茶区气温为四大茶区最高，年均气温在 20℃以上，1 月平均气温多高于 10℃，不低于 10℃积温在 6500℃以上，无霜期 300 天以上，年极端最低气温不低于 −3℃。华南茶区雨水充沛，年降水量为 1200~2000 毫米，其中夏季占 50% 以上，冬季降雨较少。茶区的土壤以砖红壤为主，部分地区也有红壤和黄壤分布，土层深厚，有机质含量丰富。

2 西南茶区

西南茶区包括云南中北部、广西北部、贵州、四川、重庆及西藏东南部。西南茶区茶树品种丰富，乔木型大叶类和小乔木型、灌木型中小叶类品种都有，生产茶类品种有工夫红茶、红碎茶、绿茶、黑茶、花茶等，是中国发展大叶种红碎茶的主要基地之一。西南茶区地形复杂，气候变化较大，平均气温在 15.5℃以上，最低气温一般在 −3 ℃ 左右，个别地区可达 −8 ℃。

不低于 10℃积温在 4000~5800 ℃， 无霜期为 200~340 天。

西南茶区雨水充沛，年降水量为 1000~1200 毫米，但降雨主要集中在夏季，冬、春季雨量偏少，如云南等地常有春旱现象。西南茶区的土壤类型多，主要有红壤、黄红壤、褐红壤、黄壤、红棕壤等，有机质含量较其他茶区高，有利于茶树生长。

③ 江南茶区

江南茶区包括湖南、江西、浙江、湖北南部、安徽南部、江苏南部。江南茶区茶树品种以灌木型为主，小乔木型也有一定的分布，生产茶类有绿茶、乌龙茶、白茶、黑茶、花茶等。江南茶区地势低缓，年均气温在 15.5℃以上，极端最低气温多年平均值不低于 −8℃，但个别地区冬季最低气温可降到 −10℃以下，茶树易受冻害。不低于 10℃积温为 4800~6000℃， 无霜期 230~280 天。夏季最高气温可达 40℃以上，茶树易被灼伤。

江南茶区雨水充足，年均降雨量 1400~1600 毫米，有的地区年降雨量可高达 2000 毫米以上，春、夏季较多。茶区的土壤以红壤、黄壤为主，部分地区有黄褐土、紫色土、山地棕壤和冲积土，有机质含量较高。

④ 江北茶区

江北茶区包括甘肃南部、陕西南部、河南南部、山东东南部、湖北北部、安徽北部、江苏北部。江北茶区茶树品种主要是抗寒性较强的灌木型中小叶种，生产茶类主要为绿茶。

江北茶区年平均气温大多在 15.5℃以上，不低于 10℃积温为 4500~5200 ℃， 极端最低气温为 −10℃，个别年份极端最低气温可降到 −20℃，造成茶树严重冻害，无霜期 200~250 天。

江北茶区年降水量较少， 在 1000 毫米以下，且分布不均，其中春、夏季降雨量约占一半。茶区的土壤以黄棕壤为主，也有黄褐土和山地棕壤，pH 值偏高，质地黏重，常出现黏盘层，肥力较低。

八、中国七大茶类

1 不发酵茶——绿茶

绿茶，又称不发酵茶，是以适宜茶树的新梢为原料，经过杀青、揉捻、干燥等传统工艺制成的茶叶。由于干茶的色泽和冲泡后的茶汤、叶底均以绿色为主调，因此称为绿茶。中国绿茶中的名品最多，如西湖龙井、洞庭碧螺春、黄山毛峰、信阳毛尖等。

2 后发酵茶——黑茶

作为一种利用菌发酵方式制成的茶叶，黑茶属后发酵茶，基本工艺是杀青、揉捻、渥堆和干燥四道工序。按照产区的不同和工艺上的差别，黑茶可分为湖南黑茶、湖北老青茶、四川边茶和滇桂黑茶。

3 全发酵茶——红茶

红茶在绿茶的基础上经过发酵而成，即以适宜的茶树新芽为原料，经过杀青、揉捻、发酵、干燥等工艺制作而成。制成的红茶，其鲜叶中的茶多酚减少 90% 以上，新生出茶黄素、茶红素以及香气物质等成分。因其干茶的色泽和冲泡的茶汤以红色为主调，故名红茶。

4 半发酵茶——乌龙茶

乌龙茶，又名青茶，属半发酵茶类，基本工艺过程是晒青、晾青、摇青、杀青、揉捻、干燥，因其创始人将军乌龙而得名。乌龙茶结合了绿茶和红茶的制法，其品质特点是既具有绿茶的清香和花香，又具有红茶醇厚的滋味。

5 轻发酵茶——黄茶

人们在炒青绿茶的过程中发现，由于杀青、揉捻后干燥不足或不及时，叶色会发生变黄的现象，黄茶的制法也就由此而来。黄茶属于发酵茶类，其杀青、揉捻、干燥等工序与绿茶制法相似，关键差别就在于闷黄的工序。大致做法是，将杀青和揉捻后的茶叶用纸包好，或堆积后以湿布盖之，促使茶坯在水热作用下进行非酶性的自动氧化，形成黄色。

6 再加工茶——花茶

花茶，又称熏花茶、香花茶、香片，是中国特有的香型茶。花茶始于南宋，已有千余年的历史，最早出现在福州。它是利用茶叶善于吸收异味的特点，将有香味的鲜花和新茶一起闷，待茶将香味吸收后再把干花筛除，花茶乃成。

7 轻微发酵茶——白茶

白茶属于轻微发酵茶，是我国茶类中的特殊珍品，因其成品茶多为芽头、满披白毫、如银似雪而得名。白茶为福建的特产，主要产区在福鼎、政和、松溪、建阳等地。基本工艺是萎凋、烘焙（或阴干）、拣剔、复火等工序。白茶的制法既不破坏酶的活性，又不促进氧化作用，因此具有外形芽毫完整、满身披毫、毫香清鲜、汤色黄绿清澈、滋味清淡回甘的品质特点。

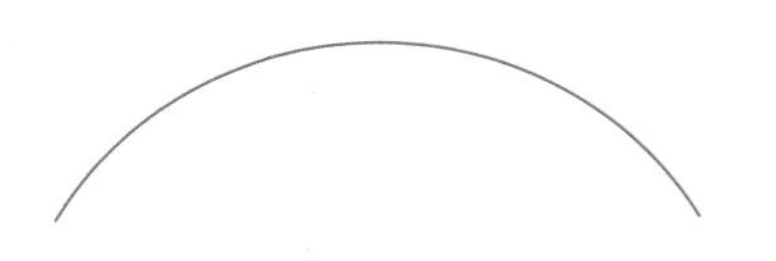

CHAPTER 2

走近茶道与茶艺

博大精深的中国茶文化，论其精髓，无不体现在经典的茶道及茶艺上。从选、沏、赏到闻、饮、品，皆有讲究，从茶具的选择到水温的把握，皆是学问，而营造舒适优雅的泡茶、品茶环境，更需要一些心思和技巧。

一、认识茶具

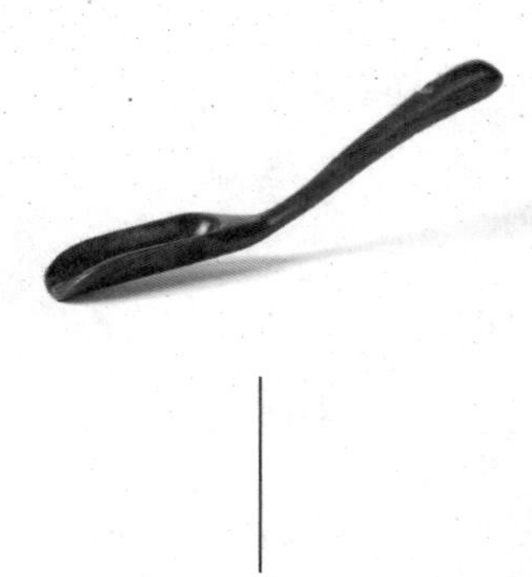

茶盘

茶盘，也叫茶船。茶盘用以盛放茶杯或其他茶具，还盛接泡茶过程中流出或倒掉的茶水。茶盘有竹制品、塑料制品、不锈钢制品等，形状有方形、圆形、长方形等多种。

茶则

茶则是茶道六用之一，量器的一种。茶则为盛茶入壶之用具，更可以作为度量茶叶的量器以保证注入适量的茶叶。茶则是茶与壶的桥梁。

茶匙

茶匙又称“茶扒”，因其形状像汤匙所以称茶匙，其主要用途是挖取茶壶内泡过的茶叶。茶叶冲泡过后，往往会紧紧塞满茶壶，加上茶壶的口一般都不大，用手挖出茶叶既不方便也不卫生，故可使用茶匙。

茶荷

茶荷又称“茶碟”，用来放置已量定的备泡茶叶，同时兼作放置观赏用样茶的茶具。材质一般为瓷质或竹质，好的瓷质茶荷本身就是一件高雅的工艺品。

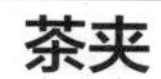

茶夹

茶夹又称“茶筷”，温杯时用它夹着茶杯冲洗杯，防烫又卫生。此外，还可以用茶夹将茶渣从茶壶中夹出。

茶托

杯托又名杯垫，用来放置茶杯、闻香杯，防止杯里或底部的水溅到桌上。杯托有许多种，一般是木、竹、瓷等质地。与品茗杯配套使用，也可以随意搭配。使用后的杯托要清洗干净，并于通风处晾干。

品茗杯

品茗杯的种类、大小应有尽有，但喝不同的茶应该用不同的品茗杯。近年来更流行边喝茶边闻茶香的闻香杯。杯面香，杯底香，香气入鼻、入口。品茗用杯，可随着泡的茶种不同而有变化。

水盂

水盂是一种小型瓷缸，用来装温热茶具后丢弃的水和冲泡完的茶叶、茶梗，俗称“废水缸”。其体积小于茶盘，算是品茗时的“无名英雄”，缺少它便无法施展泡茶的真功夫，无法去芜存菁。

汤滤

汤滤就像滤网，是用来过滤茶汤的器物，多由金属、陶瓷、竹木或葫芦瓢制成，使用时常架设在公道杯或茶杯杯口，发挥过滤茶渣的作用，不用时则安置在滤网架上。

茶壶

茶壶为主要的泡茶容器，用来实现茶叶与水的融合，茶汤再由壶嘴倾倒而出。茶壶一般以陶壶为主，此外还有瓷壶、银壶、石壶等。

茶巾

茶巾又称“涤方”，以棉麻等纤维制成，主要作为揩抹溅溢茶水的清洁用具，用来擦拭茶具上的水渍、茶渍，吸干或拭去茶壶、茶杯等茶具侧面、底部的残水，还可以托垫在壶底。

二、茶具的搭配

1 据茶叶品种选配茶具

“器为茶之父”，可见要想泡好茶，要根据不同的茶叶选用不同的茶具。

一般来说，泡花茶时，为保香可选用有盖的杯、碗或壶；饮乌龙茶，重在闻香啜味，宜用紫砂茶具冲泡；饮用红碎茶或工夫茶，可用瓷壶或紫砂壶冲泡，然后倒入白瓷杯中饮用；冲泡西湖龙井、洞庭碧螺春、黄山毛峰、庐山云雾茶等细嫩的绿茶，以保持茶叶自身的嫩绿为贵，可用玻璃杯直接冲泡，也可用白瓷杯冲泡，杯子宜小不宜大，其中以玻璃材料密度高、硬度好，具有很高的透光性者为佳，可以看到杯中轻雾缥缈，茶汤澄清碧绿，芽叶亭亭玉立、上下浮动。此外，冲泡红茶、绿茶、乌龙茶、白茶、黄茶，使用盖碗也是可以的。

从工艺花茶的特性出发，可以选择适宜绿茶、花茶沏泡的玻璃茶具，如西式高脚杯。选用这种杯子，取其径大、壁深与收底的特征，使花茶在杯内有良好的稳定性，并适合冲泡后花朵展开时间较长的工艺花茶。还可选用透明度极高、晶莹剔透的优质大口径短壁玻璃杯，其造型上矮胖一些，适宜冲泡后花朵横向展开的工艺花茶。

2 据饮茶场合选配茶具

茶具的选配一般有“特别配置”“全配”“常配”“简配”四个层次。参与国际性茶艺交流、全国性茶艺比赛、茶艺表演时，茶具的选配要求是最高的，称为“特别配置”。这种配置讲究茶具的精美、齐全、高品位，必备的茶具件数多、分工细，求完备不求简洁，求高雅不粗俗，文化品位极高。

某些场合的茶具配置以齐全、满足各种茶的泡饮需要为目的，只是在器件的精美、质地要求上较“特别配置”略微低些，通常称为“全配”。如昆明九道茶是云南昆明书香门第接待宾客的饮茶习俗，所用茶具包括一壶、一盘、一罐和四个小杯。

台湾沏泡工夫茶一般选配紫砂小壶、品茗杯、闻香杯组合、茶匙、茶海、茶荷、开水壶、水方、茶则、茶叶罐、茶盘和茶巾，这属于“常配”。

如果在家里招待客人或自己饮用，用“简配”就可以。

三、茶壶的选购与保养

1 茶壶的一般选购标准

选择茶壶，好坏标准有四字诀，曰："小、浅、齐、老。"茶壶有二人罐、三人罐、四人罐等分别，以孟臣、铁画轩、秋圃、尊圃、小山、袁熙生等制造的最受珍视。壶的式样很多，有小如橘子、大似蜜柑者，也有瓜形、柿形、菱形、鼓形、梅花形、六角形、栗子形等，一般多用鼓形的，取其端正浑厚之意。

壶的色泽也有很多种，朱砂、古铁、栗色、紫泥、石黄、天青等，还有一种壶身银砂闪烁、朱粒累累，俗称之抽皮砂，最为珍贵。但不管款式、色泽如何，最重要的是"宜小不宜大，宜浅不宜深"，因为大就不"工夫"了。所以用大茶壶、中茶壶、茶鼓、茶筛等冲泡的茶，哪怕是用百元一两的茶叶，也不能算是工夫茶。至于深浅则关系气味，浅能酿味，能留香，不蓄水，这样茶叶才不易变涩。

除大小、深浅外，茶壶最讲究的是"三山齐"，这是品评壶的好坏的最重要标准。方法是：茶壶去盖后倒置在桌子上（最好是很平的玻璃上），如果壶滴嘴、壶口、壶提柄三件都平，就是"三山齐"了。这关系到壶的品相和质量问题，所以最为讲究。

"老" 主要是看壶里所积成的"茶渣"多寡。当然，"老"字的讲究还有很多，如什么朝代出品，收藏历史如何，什么名匠所制，经什么名家品评过等。但那已经不是一般的茶壶，而属于古董了。

以下是选壶的几个要点：

美感

茶壶毕竟是自己使用，对于茶壶的造型及外观方面，只要依个人喜好、个人感受选择便可，最重要是自己看着舒服满意。

出水

壶的出水效果与“流”的设计息息相关，倾壶倒水而壶里滴水不存则为佳。至于出水态势，则可刚可柔，但出水无劲不顺却是缺点。出水水束的“集束段”则以长者为佳。

壶味

在选购新壶时，应闻一闻壶中味，有些新壶也许会略带瓦味，这倒还可选用，但若带火烧味或其他杂味，如油味或人工着色味则不宜选用了。

重心

一把壶提起来是否顺手，与壶把的力点是否位于或接近于壶身受水时的重心有关系。测定方法：注水入壶约壶身的3/4处，然后水平提起再慢慢倾壶倒水，若觉顺手则佳。亦可将干壶轻放于水面，如能受水半升，谓之“水平”。

质地

泡茶用的壶，一般是以砂为主，因为砂器具吸水性且不透光，外形较瓷器浑厚亲和，在上面题款也别具韵味，所以砂壶比瓷壶更受欢迎。至于茶壶的品质，主要是以胎骨坚、色泽润为佳。

精密

壶的精密度是指壶盖与壶身的紧密程度，密合度越高越好。

适用

壶音频率较高的茶壶，宜配泡重香气的茶；壶音稍低者宜配泡重滋味的茶。

2 茶壶的保养方法

茶壶的保养，俗称养壶。由于很多人都习惯使用紫砂壶，而紫砂壶的保养又十分讲究，在茶壶保养方面具有代表性，故在此着重介绍。

养壶的方法有很多，首要的一条就是要小心使用，保持壶的完整。除此之外，需要注意以下事项：

新壶的保养：新壶使用前，用洁净无异味的锅盛上清水，再抓一把茶叶，连同紫砂壶放入锅中煮。沸后，继续用文火煮上半小时至 1 个小时。要注意锅中茶汤须没过壶面，以防茶壶烧裂。或者等茶汤煮沸后，将新壶放在茶汤中浸泡 2 小时，然后取出茶壶，让其在干燥、通风而又无异味的地方自然阴干。用这种方法养壶，不仅可除去壶中的土味，而且有利于壶的滋养。

平时喝茶，可以用干净毛巾擦拭新壶，不要将茶汤留在壶面，否则久而久之壶面上会堆满茶垢，擦拭以后会有浮光，这种品相玩家比较忌讳。一把养好的壶，应该呈“黯然”之色，这种光泽应该是“内敛”的。

喝完茶后，新壶最好不要留茶叶，应及时倾倒洗净。虽然紫砂壶确实有隔夜不馊的特点，但隔夜的茶会有陈汤味。单从卫生方面来讲，紫砂壶终究不是“保险箱”，而且泡好的茶放置 10 小时后再喝是对身体不利的。

旧壶的保养：旧壶在泡茶前，先用沸水烫一下；饮完茶后，将茶渣倒掉，并用热水涤去残汤，保持壶的清洁。

另外，无论新壶还是旧壶，都应经常清洁壶面，并常用手或柔软的布料擦拭，这样有利于焕发紫砂泥质的滋润光滑，使手感变得更好。而且长此以往，会使品茶者和壶之间产生一种自然的情感，平添品茗的情趣。

四、茶叶的选购与鉴别

1 选购茶叶的一般标准

茶叶是日常生活中的必需品，怎么选择上好的茶叶、选择哪种茶叶显得尤其重要，下面教您如何选购茶叶。

● 检查茶叶的干燥度

用手轻握微感刺手、轻捏会碎的茶叶，干燥程度良好，茶叶含水量在5%以下。

● 观察茶叶叶片整齐度

茶叶叶片形状整齐、色泽均匀的较好，茶梗、黄片、茶角、茶末和杂质含量比例高的茶叶，一般会影响茶汤品质。

● 试探茶叶的弹性

用手指捏叶底，一般以弹性强者为佳，说明茶菁幼嫩，制作得宜；而触感生硬者为老茶菁或陈茶。

● 检验发酵程度

红茶是全发酵茶，叶底以呈鲜艳红色为佳；清香型乌龙茶及包种茶为轻度发酵茶，叶在边缘锯齿稍深位置呈红边，其他部分呈淡绿色。

● 看茶叶外观色泽

带有油光宝色或有白毫的乌龙及部分绿茶为佳。茶叶的外形条索则随茶叶种类而异，如龙井呈剑片状，红茶呈细条或细碎状。

● **闻茶叶香气**

绿茶有清香，乌龙茶有熟果香，红茶有焦糖香，花茶则有强烈香气。茶叶中有油臭味、焦味、火味、闷味或其他异味者为劣品。

● **尝茶滋味**

以少苦涩味、带有甘滑醇味，能让口腔有充足的香味或喉韵者为好茶。苦涩味、陈旧味或火味重者，则绝非佳品。

● **观茶汤色**

一般来说，绿茶呈蜜绿色，红茶呈鲜红色，白毫乌龙呈琥珀色，冻顶乌龙呈金黄色，包种茶呈蜜黄色。

● **看泡后茶叶叶底**

冲泡后很快展开的茶叶，多是粗老之茶，条索不紧结，泡水薄，茶汤多平淡无味。冲泡后叶面不展开的茶叶是已放置一段时间的陈茶。

2 分清新茶与陈茶

当年采摘的新叶加工而成的茶叶称为新茶，非当年采制的茶叶为陈茶。可以通过以下几种方法来区分新茶与陈茶：

● **看色泽**

茶叶在储藏的过程中，构成茶叶色泽的物质会在光、气、热的作用下发生分解或氧化，失去原有色泽。例如，新绿茶色泽青翠碧绿，汤色黄绿明亮；陈茶则叶绿素分解、氧化，色泽变得枯灰，汤色黄褐不清。

● **捏干湿**

取一两片茶叶用拇指和食指稍微用劲一捏，能捏成粉末的是足干的新茶。

● 闻茶香

构成茶香的醇类、酯类、醛类等特质会不断挥发和缓慢氧化，时间越久，茶香越淡，会使新茶的清香馥郁变成陈茶的低闷浑浊。

● 品茶味

茶叶中的酚类化合物、氨基酸、维生素等构成滋味的特质会逐步分解、挥发、缩合，使滋味醇厚鲜爽的新茶变成淡而不爽的陈茶。

3 鉴别春茶

历代文献都有“以春茶为贵”的说法。由于春季温度适中，雨量充沛，加上茶树经头年秋冬季的休养，使得春茶芽叶壮硕饱满，色泽润绿，条索结实，身骨重实，所泡的茶浓醇爽口，香气高长，叶质柔软，汤色橙黄明亮，无杂质。

4 鉴别夏茶

夏季炎热，茶树新梢芽叶迅速生长，使得能溶解于水的浸出物含量相对减少，因此夏茶的茶汤滋味没有春茶鲜爽，香气不如春茶浓烈，反而增加了带苦涩味的花青素、咖啡碱、茶多酚的含量。从外观上看，夏茶叶肉薄且多紫芽，还夹杂着少许青绿色的叶子。

5 鉴别秋茶

秋天温度适中，且茶树经过春夏两季生长、采摘，新梢内物质相对减少。从外观上看，秋茶多丝筋，身骨轻飘，所泡成的茶汤淡，味平和、微甜，叶质柔软，单片较多，叶张大小不一，茎嫩，含有少许铜色叶片。

6 鉴别高山茶与平地茶

高山茶和平地茶的生态环境有很大的差别，除了茶叶的形态不同，茶叶的质地也有很大差别。

高山茶的外形肥壮紧实，色泽翠绿，茸毛较多，节间长，鲜嫩度良好，成茶有特殊的花香味，条索紧实肥硕，茶骨较重，茶汤浓稠，冲泡时间长；平地茶一般叶子短小，叶底硬薄，茶叶表面平展，呈黄绿色没有光泽，成茶香味不浓郁，条索瘦长，茶骨相对于高山茶较轻，茶汤滋味较淡。

7 鉴别真茶与假茶

真茶和假茶，一般都是通过眼看、鼻闻、手摸、口尝的方法来综合判断。

眼看：绿茶呈深绿色，红茶色泽乌润，乌龙茶色泽乌绿，则为真茶。若茶叶颜色不一，可能为假茶。

鼻闻：如果茶叶的茶香很纯，没有异味，则为真茶；如果茶叶茶香很淡，异味较大，则为假茶。

手摸：真茶一般摸上去紧实圆润，假茶比较疏松；真茶用手掂量会有沉重感， 而假茶则没有。

口尝：冲泡后，真茶的香味浓郁醇厚，色泽纯正；假茶香气很淡，颜色略有差异，没有茶滋味。

五、茶叶的保存方法

1 罐装储存

选用装糕点或者其他食品的金属听、箱、罐、盒，或铁或铝或纸及纸制品，或方或圆或扁或不规则形，将干燥的茶叶装入袋中，再放入罐中，此法简便，取亦方便。

其实一般的茶叶市场上都可以买到铁罐，铁罐在质地上没有什么区别，造型却多种多样：方的、圆的、高的、矮的、多彩的、单色的，而且在茶叶罐上还有精美的绘画，大多都是跟茶相关的绘画，可以根据自身需求进行选择。

2 热水瓶储存

热水瓶储存法是一种很实用的茶叶储存法，一般家庭用的热水瓶就可以，但是保暖性能一定要好。

在储存之前要检查热水瓶的保温性能，如果热水瓶不保温则不能使用。选择好热水瓶后，将干燥的茶叶装入瓶内，切记一定要装满，尽量减少瓶内的空间。装好茶叶后，将瓶口用软木塞盖紧，然后在塞子的边缘涂上白蜡封口，再用胶布裹上，主要目的是防止漏气。

3 食品袋储存

食品袋储存法是指用食品塑料袋储存茶叶的方法。先准备一些洁净没有异味的白纸、牛皮纸和没有缝隙的食品塑料袋。用白纸将茶叶包好，再包上一张牛皮纸，接着装入塑料食品袋中，然后用手轻轻挤压，将袋中的空气排出，用细绳将袋口捆紧；再套上一个塑料食品袋，用同样的方法将空气挤出，用细绳把袋口扎紧。最后将茶包放入干燥无味、密闭性好的铁筒中储存。

4 木炭密封储存

木炭密封储存法是利用木炭的吸潮性储存茶叶的一种方法，这种方法也是比较常用的，总体来说效果还是很不错的。

先要将木炭处理一下，放入火盆中烧起来，然后用铁锅立即覆盖上，将火熄灭。之后将木炭晾干，用干净的白布把木炭包起来。将茶叶分包装好，放入瓦缸或小口铁箱中，然后将包裹好的木炭放入即可。

六、好茶还需配好水

❶ 古代择水标准

● 水要甘甜洁净

古人认为泡茶的水首要就是洁净，只有洁净的水才能泡出没有异味的茶，而甘甜的水质会让茶香更加出色。宋代蔡襄在《茶录》中说道：“水泉不甘，能损茶味。”赵佶在《大观茶论》中说过：“水以清轻甘洁为美。”

● 水要鲜活清爽

古人认为水质鲜活清爽会使茶味发挥更佳。明代张源在《茶录》中指出：“山顶泉清而轻，山下泉清而重，石中泉清而甘，砂中泉清而冽，土中泉淡而白。流于黄石为佳，泻出青石无用。流动者愈于安静，负阴者胜于向阳。真源无味，真水无香。”

● 适当的贮水方法

古代的水一般都要储存备用，如果在储存中出现差错，会使水质变味，影响茶汤滋味。明代许次纾在《茶疏》中指出：“水性忌木，松杉为甚，木桶贮水，其害滋甚，洁瓶为佳耳。”

❷ 古人论水

中国古代的茶典中，有很多关于泡茶用水的论著，这些茶典中不仅有水质好坏和茶的关系的论述，还有对水品做分类的著作。比较著名的是唐代陆羽的著作《茶经》中的“五之煮”、唐代张又新的《煎茶水记》、宋代欧阳修的《大明水记》、宋代叶清臣的《述煮茶小品》、明代徐献忠的《水品》、明代田艺蘅的《煮泉小品》以及清代汤蠹仙的《泉谱》等。

古代文人墨客靠品尝排出了煮茶之水的等级。陆羽将煮茶的水分为三等：泉水为上等，江水为中等，井水为下等；其中又将泉水分为九等。陆羽提到的“天下第一泉”共有七处，分别是济南的趵突泉、镇江的中冷泉、北京的玉泉、庐山的谷帘泉、峨眉山的玉液泉、安宁的碧玉泉、衡山的水帘洞泉。天下第九泉乃淮水源，地处鄂豫交界桐柏山北麓，河南桐柏县（唐代属山南东道唐州）境内。陆羽在荆楚大地沿江淮、汉水流域进行访茶品泉期间，曾前往桐柏县品鉴过淮水源头之水，并评其为“天下第九佳水”。

3 现代水质标准

现代科学越来越发达，人们的生活品质也在不断提高，对水质的要求也提出了新的指标。现代科学对水质提出了以下四个指标：

● 感官指标

水的色度不能超过 15 度，而且不能有其他异色；浑浊度不能超过 5 度，水中不能有肉眼可见的杂物，不能有臭味、异味。

● 化学指标

微量元素的要求：铁不能超过 0.3 毫克 / 升，锰不能超过 0.1 毫克 / 升，铜不能超过 1.0 毫克 / 升，锌不能超过 1.0 毫克 / 升，氧化钙不能超过 250 毫克 / 升，挥发酚类不能超过 0.002 毫克 / 升，阴离子合成洗涤剂不能超过 0.3 毫克 / 升。

● 毒理学指标

水中的氟化物不能超过 1.0 毫克 / 升，氰化物不能超过 0.05 毫克 / 升，砷不能超过 0.04 毫克 / 升，镉不能超过 0.01 毫克 / 升，铬不能超过 0.5 毫克 / 升，铅不能超过 0.1 毫克 / 升。

细菌指标

每 1 毫升水中的细菌含量不能超过 100 个；每 1 升水中的大肠菌群不能超过 3 个。

4 现代硬水、软水之分

水的软、硬取决于水中钙、镁矿物质的含量。硬水是指含有较多钙、镁化合物的水。硬水分为暂时硬水和永久硬水，暂时硬水在煮沸之后就会变为软水，而永久硬水经过煮沸也不会变为软水。

硬水是相对于软水而言的，生活中一般不使用硬水。饮用硬水不会对健康造成直接危害，但是长期饮用会造成肝胆或肾结石。如果用硬水泡茶，茶汤的表面会有一层明显的“锈油”，茶的滋味会大打折扣，茶色也会变得暗淡无光。

软水是指不含或含很少可溶性钙、镁化合物的水，天然软水包括江水、河水、湖水等。

日常生活中，人们通过将暂时硬水加热煮沸，使水中的碳酸氢钙或碳酸氢镁析出不溶于水的碳酸盐沉淀，从而变为软水，可作为家庭洗澡、洗衣服的专门用水。生活中使用的水一般都是软水，软水可以提高洗涤效果，可以有效清洁皮肤、抑制真菌、促进细胞组织再生，但由于所含的矿物质过少，不适合长期饮用。

5 天然水

天然水是指构成自然界地球表面各种形态的水相，包括江河、海洋、冰川、湖泊、沼泽、泉水、井水等地表水以及土壤、岩石层内的地下水等。这些水中既有淡水也有咸水，其中淡水大约占天然水的2.7%。天然水的化学成分很复杂，含有很多可溶性物质、胶体物质、悬浮物，如盐类、有机物、可溶性气体、硅胶、腐殖酸等。一般来说，没有被污染的天然水都是可以用来泡茶的，尤其以泉水、井水、雪水为佳。

6 自来水

自来水是指将天然水通过自来水处理净化、消毒后生产出的符合国家饮用水标准的水，以供人们生活、生产使用。家庭中可以直接将自来水用于洗涤，但饮用时一般都要煮沸。

自来水的来源主要是江河湖泊和地下水，水厂用取水泵将这些水汲取过来，将其沉淀、消毒、过滤等，使这些天然水达到国家饮用水标准，然后通过配水泵站输送到各个用户。凡达到我国卫生部制定的饮用水卫生标准的自来水，都适于泡茶。

7 纯净水

纯净水的水质清纯，没有任何有机污染物、无机盐、添加剂和各类杂质，这样的水可以避免各类病菌入侵人体。纯净水一般采用离子交换法、反渗透法、精微过滤等方法来进行深度处理。纯净水将杂质去除之后，原水只有50%~75%能被利用。

纯净水的优点是安全、溶解度强、与人体细胞亲和力强，能有效促进人体的新陈代谢。虽然纯净水在除杂的同时，也将对人体有益的微量元素分离出去了，但是对人体的微量元素吸收并无太大妨碍。

8 活性水

活性水，也称为脱气水，是指通过特定工艺使水中的气体减掉一半，使其具有超强的生物活性的水。活性水的表面张力、密度、黏性、导电性等物理性质都发生了变化，因此很容易穿过细胞膜进入细胞，渗入量是普通水的好几倍。

活性水可以利用加热、超声波脱气、离心去气等方法制作而成。活性水包括磁化水、矿化水、高氧水、离子水、自然回归水、生态水等。

9 净化水

净化水是指去除自来水管网中的红虫、铁锈、悬浮物等杂物的水。净化水可以降低水的浑浊度、余氧和有机杂质，并可以将细菌、大肠杆菌等微生物截留。

净化水的原理和处理工艺一般包括粗滤、活性炭吸附和薄膜过滤三级系统。在净水过程中，要注意经常清洗净水器中的粗滤装置，常常更换活性炭，否则，时间久了，净水器内胆中就会有污染物堆积，滋生细菌，不仅起不到净化水的作用，反而会进一步污染水。

10 矿泉水

矿泉水含有一定量的矿物盐、微量元素或二氧化碳气体。相对于纯净水来说，矿泉水含有多种微量元素，对人体健康有利。

从国家标准看，矿泉水按照特征可分为偏硅酸矿泉水、锶矿泉水、锌矿泉水、锂矿泉水、硒矿泉水、溴矿泉水、碘矿泉水、碳酸矿泉水以及盐类矿泉水九大类；按照矿化度可分为低矿化度、中矿化度、高矿化度三种；按照酸碱性可分为强酸性水、酸性水、弱酸性水、中性水、弱碱性水、碱性水以及强碱性水七大类。

七、泡茶要素和程序有哪些

1 泡茶四要素

泡一杯好茶并非易事，涉及茶、水、茶具、时间、环境等因素，只有掌握好这些因素，才能泡出好茶。综合起来，泡好一壶茶主要有四大要素：第一是茶水比例，第二是冲泡水温，第三是冲泡时间，第四是冲泡次数。

● 茶水比例

茶叶用量应根据不同的茶具、不同的茶叶等级而有所区别。一般而言，水多茶少，滋味淡薄；茶多水少，茶汤苦涩不爽。因此，细嫩的茶叶用量要多，较粗的茶叶用量可少些，即所谓“细茶粗吃”“精茶细吃”。

● 冲泡水温

冲泡水温是指将水烧开后，再让其冷却到所需的温度。如果是无菌的生水，只要烧到所需的水温就可以。一般来说，泡茶水温的高低，与茶中可溶于水的浸出物的浸出速度相关。水温越高浸出速度越快，在相同的冲泡时间内，茶汤的滋味也就越浓。

● 冲泡时间

茶叶冲泡的时间差异很大，这主要与茶叶种类、泡茶水温、用茶数量和饮茶习惯等有关，不可以一概而论。为了获取一杯鲜爽甘醇的茶汤，对一般的红茶、绿茶而言，头泡茶以冲泡 3 分钟左右饮用为好。

● 冲泡次数

一般来说，茶冲泡第一次时，茶中的可溶性物质能浸出50%~55%；冲泡第二次时，能浸出30%左右；冲泡第三次时，能浸出约10%；冲泡第四次时，只能浸出2%~3%，几乎是白开水了。所以，通常以冲泡三次为宜。

2 一般的泡茶程序

泡茶用水都得煮开，以自然降温的方式来达到控温的效果。不同的茶类有不同的冲泡方法，即使是同一种茶类也可能有不同的冲泡方法。但不管是哪一类茶，其泡茶程序都大致相同，具体冲泡次序如下：

● 温具

用热水冲淋茶壶，包括壶嘴、壶盖，同时烫淋茶杯。随即将茶壶、茶杯沥干。主要是为了提高茶具温度，使茶叶冲泡后温度相对稳定。

● 置茶

按茶壶或茶杯的大小，置一定数量的茶叶入壶。

● 冲泡

置茶后，按照茶与水的比例，将开水冲入壶中。冲水时，除乌龙茶冲水需溢出壶口、壶嘴外，其余通常以冲水八分满为宜。

● 奉茶

奉茶时，主人需面带笑容，最好用茶盘托着送给客人。如果直接用茶杯奉茶，放置客人处，手指并拢伸出，以示敬意。

● 赏茶

如果是高级名茶，那么茶叶一经冲泡后，不可急于饮茶，应先观色赏形，接着端杯闻香，再啜汤赏味。

八、品茶须知

① 空腹时不宜喝茶

我国自古就有“不饮空心茶”之说。茶叶大多属于寒性，空腹喝茶会使脾胃感觉凉，导致肠胃痉挛。而且茶叶中的咖啡碱会刺激心脏，如果空腹喝茶，对心脏的刺激作用更大。因此，心脏病患者尤其不能空腹喝茶。喝茶是为了吸收茶叶中的营养元素，如果因为空腹喝茶而给身体造成损伤，就失去了喝茶的意义，所以不要空腹喝茶。

② 过烫的茶不宜喝

古人云：“烫茶伤五内。”这说明，烫茶对人的健康有害。太烫的茶水对人的喉咙、食管和胃的刺激较强，如果长期喝烫茶，容易导致这些器官的组织增生，产生病变，甚至诱发食管癌等恶性疾病。所以，不能饮用过烫的茶水。

③ 喝茶不宜过量

一般来说，健康的成年人，若平时有饮茶的习惯，一日饮茶 6~10 克，分两三次冲泡较适宜。吃油腻食物较多、烟酒量大的人，也可适当增加茶叶用量。

如果喝茶过量，会影响人体健康，主要有以下三方面的危害。

① 茶叶中的咖啡碱等在体内堆积过多，容易损害神经系统。

② 茶叶中所含的利尿成分会对肾脏器官造成很大压力，影响肾功能。

③ 受茶叶中的兴奋物质影响，人处于高度亢奋状态，影响睡眠。

4 隔夜茶不能喝

从营养角度来看，隔夜茶因为时间过久，茶中的维生素 C 已丧失，茶多酚也已经氧化减少；从卫生角度来看，茶汤暴露在空气中，易被微生物污染，且含有较多的有害物质，放久了易滋生腐败性微生物，使茶汤发馊变质。尽管隔夜茶没有太大的害处，但一般情况下还是随泡随饮为宜。

5 新炒的茶不宜常喝

新茶指摘下不足一个月的茶，形、色、味上乘，品饮起来确实是一种享受。因为新茶存放时间短，多酚类、醇类、醛类含量较多，常饮容易导致腹痛、腹胀等。且新茶中含有活性较强的鞣酸、咖啡因等，饮后容易引起神经系统高度兴奋，产生四肢无力、冷汗淋漓和失眠等“茶醉”现象。因此，新炒的茶不宜常饮。

⑥ 女性在四个时期喝茶要谨慎

虽然饮茶有多种保健作用，但对女性而言，并非任何情况下饮茶对身体都有好处。处在这四个时期的女性不宜饮茶：

● 行经期

女性经期大量失血，应在经期或经期后多补充含铁丰富的食品。而茶叶中含有 30% 以上的鞣酸，它在肠管中较易同食物中的铁结合，产生沉淀，阻碍肠黏膜对铁的吸收和利用。

● 怀孕期

茶叶中的咖啡碱会使孕妇的心跳加速，增加孕妇的心、肾负担，增加排尿，从而诱发妊娠中毒，不利于胎儿的健康发育。

● 临产期

临产期饮茶，茶中的咖啡因会导致孕妇心悸、失眠，致使体质下降，严重时导致分娩产妇精疲力竭、宫缩无力，造成难产。

● 哺乳期

茶中的鞣酸会被胃黏膜吸收，然后进入血液循环，从而产生收敛作用，抑制产妇乳腺的分泌。

九、品茶环境要求

古往今来，诸多品茶者都非常注重品茗环境的选择，期望能通过“景、情、味”三者的有机结合，产生最佳的心境和精神状态。品茶环境可以分为两大类——物境和人境。

1 物境

物境是茶艺活动所处的客观环境。物境与茶艺活动的氛围直接相关。有好环境，即使是普通的茶也会品出上好的味道来，纷乱的心情也会得到平静；没有好环境，再好的茶、再细心的准备都会让人觉得索然无味。

一般来说，品茶的物境由建筑物、园林、摆设、茶具等因素组成。这些因素的有机组成，才能形成良好的品茗环境。具体包括地域风情、自然景物、人工设施及节令气候等诸多室外因素，以及茶具的陈列、字画的悬挂、样茶的欣赏、背景音乐的烘托等室内因素。

历代茶人十分注重品茗环境的选择，或青山翠竹、小桥流水，或琴棋书画、幽居雅室，追求的是一种天然的情趣和文雅的氛围。明代徐渭在《徐文长秘集》中说，“茶宜精舍，云林，竹灶，幽人雅士，寒霄兀坐，松月下，花鸟间，清白石，绿鲜苍苔，素手汲泉，红妆扫雪，船头吹火，竹里飘烟”。在这样的环境里，人可以感受到身心与自然的融合，获得彻底的宁静。又如唐代诗人杜甫的《重过何氏五首之三》：

落日平台上，春风啜茗时。
石阑斜点笔，桐叶坐题诗。
翡翠鸣衣桁，蜻蜓立钓丝。
自今幽兴熟，来往亦无期。

诗的大意是：春天的傍晚，夕阳从平台上缓缓落下，好像依依不舍地与我告别。在夕阳余晖里，春风拂面，我坐在梧桐的绿荫里品茗题诗。翡翠般漂亮的水鸟在屋檐上歌唱助兴，蜻蜓飞来静静地立在我的钓丝上。今天在这里高兴地相聚之后，说不准什么时候才有机会再相会。此诗情景交融，动静结合，有声有色，虚实相生，令人读后情不自禁产生“鸟兽禽鱼自来亲人”的感受。显然这已不是单纯地对自然环境提出的要求了。

中国茶艺中的品茗之境不仅包含了茶人们对幽静环境的精神追求，更集中体现了古代茶人那种超凡脱俗的精神境界，对美的理解不仅仅停留在美的事物的表象之上，更深地体现在思想和精神上的自我完善。

2 人境

茶艺是人与人之间的交流，而且是一种高水平、高质量的交流，对于交流者的品位及现场的气氛十分讲究。相对于物境来说，人境是高一个层次的环境。人境包括人数、人品、心境三方面。这三方面都会对饮茶的情境产生很大的影响。

● 人数

历代茶人根据参加品饮活动的人数提出：独啜得神、对饮得趣、众饮得慧。独啜得神，这是古今品茶人最认可的体验。一个人独自品茶，实际上是茶人与茶的对话，与茶道的圆融，与大自然的合一，与心灵的共同升华。

知己对坐，可以品评茶道，可以促膝读心，可以纵论世道人心。这样的对饮在知己之间是很有吸引力的。知己难得，退而求其次，找个志趣相投的人也可以。一般来说，知己及志趣相投者不一定是同一阶层的人，但一定是品位一致的人。

独饮与对饮是寂寞的茶事，许多人聚在一起，热热闹闹地喝茶才是中国人的最爱，这也符合传统的娱乐观念——独乐乐不如众乐乐。三五知己，八九同行，相聚在茶馆茶厅，在浓浓的茶香滋润下，在袅袅乐曲的销魂中，收获的一定是友谊、知识、启迪和睿智，缘此，我们说“众饮得慧”，也是有其道理的。

● 人品

人品主要说的是对茶侣的选择与要求。唐代以前，人们认为喝茶的人就是品行高洁的人，于是众多名士在多种场合用茶来招待朋友及下属，对茶侣的要求不是很高。

后来人们认为茶侣应该是学问上的知己。茶艺与其他艺术一样，要遇到知音，至少也要遇到懂得欣赏的人，才能体现出它的魅力。知己是难得的，与知己饮茶是最理想不过的，但若是只与知己饮茶，很多人、就没茶喝了。所以，陆羽说：“茶之为用味至寒，为饮最宜精，行俭德之人。”强调的是品位上的相近。

● 心境

在茶境中，心境是最重要的。一个人在心情好的时候，对周围的事、物、人也都会有比较好的印象，心情不好的时候，同样的事物却会产生相反的印象。要享受一杯茶，需要有相对平和的心情，过分的高兴、悲伤、愤怒，都不是品茶的心境。

以茶静心。中国人在开始饮茶时就发现茶有静心宁神的作用，这一方面是茶的自然功效；另一方面，在茶艺的氛围中，宁静的气氛可以给人以心理上的安抚。

心静才能茶香。茶的味道很丰富，有苦、涩、甘、酸、辛；水的味道很清淡，但也有甘、寒、淡的区别，煮沸的水与未沸的水不同，煮老的水与煮嫩的水不同，这些味道需要静下心来才能品得出来。因此，同样的一盏茶，不同的人品饮，味道是不一样的。

心静有两层意思，一是情绪平静，一是保持平常心。情绪的平静往往来自于事业和生活的顺利；平常心是茶艺中最重要的，有平常心才能真正做到心静，才能真正品出茶与茶艺的滋味。而如何能获得真正的静心呢？静心由修炼得来。对于品茶者来说，这种修炼首先是茶艺上的亲自劳作；其次，读书与艺术也是静心方法。

③ 打造家中的泡茶区

以茶待客是我国最早的民间生活礼仪，表现出了主人对客人的热情与尊敬，这是中华礼仪的一项重要课程。如今，很多人依然喜欢在家“以茶会友”。

客厅

家庭饮茶环境的总体要求是安静、清新、舒适、干净，可以在客厅的一角辟出一个小空间，采用格子门或屏风的设计，既通风、透光，又美观。使用可以搬移的小桌，喝茶聊天，以茶会友，有客人来时，还可以变成临时客房。

书房

书房是读书、学习的场所，本身就具有安静、清新的特点。自古茶和书籍有着密不可分的关系，在书房中更能体现饮茶的意境。由于氛围契合，在书房中打造泡茶区，可轻装修重装饰，简单明了，有一个茶桌即可，无需添置其他的家具。

卧室飘窗

在卧室飘窗饮茶，更加私密、休闲，同时能欣赏窗外的风景，适合日常放松、小憩。飘窗台面最好用木地板做装饰面，在上面覆盖软垫，窗帘宜采用折叠帘。此外，在飘窗的顶面或台面，需要配有照明设备，以满足泡茶、饮茶的光线要求。

庭院

如果家中有庭院，不妨将其打造成一个天然的饮茶区，在庭院中种植一些花草，摆上茶几、椅子，和大自然融为一体，饮茶意境立刻就显现出来了。在庭院中打造饮茶区，同样需要注意遮光、隔热的问题。同时，饮用中式茶，空间不宜过分拥挤，因此也不要把庭院布置得太满。

阳台

在阳台上设置泡茶区很好实现，只需一定的空间，足够摆放桌椅或榻榻米即可。可以在阳台装上鱼缸，种上花花草草，将阳台装点得更有情调，更适宜饮茶。如果阳台很晒，可选择隔热、半遮光的窗帘，或栽种大量植物，打造阴凉舒适的饮茶环境。

4 营造舒适的饮茶环境

饮茶需要优雅的环境。一壶清茶，几盏青瓷杯，再邀三两知己，放慢脚步，超然物外，品茶又品心。如果能在品茶空间融入相得益彰的意趣，品茗、闻香、插花、抚琴、习字，则更添雅韵。

香道

香道与茶道、花道并称为“三雅道”。香道可以调息、通鼻、开窍、静心，它是通过眼观、手触、鼻嗅等品香形式对名贵香料进行全身心的鉴赏和感悟，常用的有檀香、沉香等。

花道

花道是指适当截取树木花草的枝、叶、花朵，艺术地插入花瓶等花器中的方法和技术，它是由佛前供花演化而来的，其基本精神是“天、地、人”的和谐统一。

琴道

优雅清心的音乐，有助于营造出更好的饮茶环境。古琴以其高雅的韵味，成为闻香品茗的“绝配”，二者不仅在文化渊源上一脉相承，都具有“技、艺、道”三种境界，其“和、静、清、淡、远”的审美意趣，有益于修身养性。

书道

书法艺术讲究在简单的线条中求得丰富的思想内涵，就像茶在清淡的滋味中品味人生一样，有异曲同工之妙，很多书法作品的内容本身就与茶有关。在饮茶区挂上一两幅书法作品，不仅能增添浓郁的文化气息，还能体现出主人的审美和心境。

融入大自然

除了在室内，还可以去室外喝茶。找个风景清幽的地方，摆上一桌茶席，配上一套可以随身携带的茶具，带上一个炭炉烧水，静静品饮这自然间的滋味，感受自然的气息，让浮躁的心安定下来。

十、四种基本的泡茶法

1 玻璃杯泡茶法

玻璃杯晶莹透明，用于泡茶可以充分观赏茶的形态，而且玻璃不会吸收茶叶的味道，可使茶汤的味道更香浓。高档绿茶，因其外形秀丽、色泽翠绿，一般用玻璃杯冲泡。

【适合茶类】

绿茶、黄芽茶、白茶、玫瑰花茶等

【准备茶具】

玻璃杯、茶盘、茶荷、茶匙、茶巾、煮水器

【冲泡方法】

①待水煮沸后，将热水倒入玻璃杯中，至 1/3 处。

②左手托杯底，右手握杯口，倾斜杯身，使水沿杯口转动一周，再将温杯的水倒掉。

③用茶匙把茶荷中的茶叶拨入玻璃杯中，投茶量约为 3 克。

④待水温降至 80℃左右时将水倒入杯中，至杯子容量的 1/4，轻轻旋

转杯身，促使茶芽舒展。

⑤利用手腕的力量，“三升三降”冲水，使水柱充分冲击茶叶，加水至七分满。

⑥将泡好的茶用双手端给宾客，伸出右手示意，说“请用茶”。

❷ 盖碗泡茶法

连盖带托的盖碗，具有较好的保持香气的作用，可用来冲泡香气较足的茶种。也可用来冲泡绿茶，但不加盖，以免闷黄芽叶。此外，盖碗还可用于黄茶、白茶及红茶的冲泡。

【适合茶类】

茉莉花茶、工夫红茶、普洱生茶、铁观音等

【准备茶具】

盖碗、公道杯、过滤网、品茗杯、茶盘、茶荷、茶匙、茶巾、煮水器

【冲泡方法】

①把沸水倒入盖碗，再将盖碗中的水倒入公道杯及各品茗杯，以此来温热各个茶具。

②用茶匙把茶荷中的茶叶拨入盖碗中，投茶量为盖碗容量的1/4左右。

③往盖碗中冲水至八分满，盖上盖子，将茶汤滤入公道杯中。

④将公道杯中的茶汤倒入品茗杯中，用茶夹洗杯，将洗杯的水倒入茶盘。

⑤再次冲水至八分满，盖上盖子，闷泡1分钟。

⑥将茶汤滤入公道杯中，再倒入各品茗杯中至七分满，双手端给宾客品饮。

③ 瓷壶泡茶法

瓷壶密度高，泡出的茶香味清扬，可用小瓷壶冲泡高档红茶、乌龙茶等。又因瓷壶的保温性能好，故大容量的瓷壶适合在人数较多的聚会时，用于冲泡大宗红茶、大宗绿茶、中档花茶等。

【适合茶类】

祁门红茶、台湾高山茶、熏花茶、白毫乌龙等

【准备茶具】

小瓷壶、公道杯、过滤网、品茗杯、茶盘、茶荷、茶匙、茶巾、煮水器

【冲泡方法】

①向壶内注入沸水，温壶后将水倒入公道杯中，再从公道杯中倒入各品茗杯中温杯。

②用茶匙将茶叶拨入茶壶中，投茶量红茶约为 3 克，乌龙茶可占壶容量的 1/4~1/3。

③以回旋高冲的手法向壶中冲水至满，盖上壶盖，泡 1~2 分钟。

④将温热品茗杯的水倒入茶盘中。

⑤将茶壶中泡好的茶汤倒入公道杯中，尽量倒干净。

⑥将公道杯中的茶汤分倒入各品茗杯中至七分满，双手端给宾客品饮。

④ 紫砂壶泡茶法

紫砂壶保温性能好，透气度高，能充分展现茶叶的香气和滋味，而且久放茶水也不会产生腐败的馊味，提携、抚握均不易烫手，置于火上烧炖也不会炸裂，非常适合家庭泡茶。

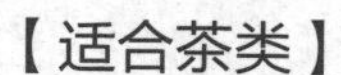

【适合茶类】

普洱熟茶、铁观音、大红袍等

【准备茶具】

紫砂壶、公道杯、过滤网、品茗杯、杯托、茶船、茶荷、茶匙、茶巾、煮水器

【冲泡方法】

①把紫砂壶放在茶船上，注入沸水温热茶壶。

②把茶壶中的沸水倒入公道杯，再把公道杯里的水倒入各品茗杯中，温杯后弃水。

③用茶匙将茶叶拨入茶壶中，使茶叶均匀散落在壶底，占茶壶容量的1/3~1/2。

④往壶中注入沸水，高冲水，至溢出壶盖沿为宜，用壶盖轻轻旋转刮去泡沫。

⑤盖上壶盖，把茶汤倒入公道杯中，尽量倒干净。

⑥把公道杯中的茶汤分倒入各品茗杯中至七分满，双手端给宾客品饮。

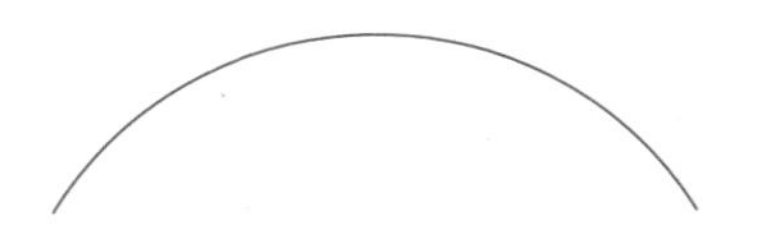

CHAPTER 3

中国十大名茶品鉴

中国十大名茶是由 1959 年全国“十大名茶”评比会评选的，包括西湖龙井、洞庭碧螺春、黄山毛峰、庐山云雾、六安瓜片、君山银针、信阳毛尖、武夷岩茶、安溪铁观音、祁门红茶。本章将为大家分别介绍中国十大名茶。

绿茶 西湖龙井

西湖龙井以“色绿、香郁、味醇、形美”著称，堪称我国第一名茶。杭州西湖湖畔的崇山峻岭中常年云雾缭绕，气候温和，雨量充沛，加上土壤结构疏松、土质肥沃，非常适合龙井茶的种植。龙井茶炒制时分“青锅”“烩锅”两种工序，炒制手法很复杂，一般有抖、带、甩、挺、拓、扣、抓、压、磨、挤十大手法。

西湖龙井始于唐代，发展于宋代，然而真正为普通百姓所熟知，是在明代。西湖龙井以“狮（峰）、龙（井）、云（栖）、虎（跑）、梅（家坞）”排列品第，西湖龙井享受“国家礼品茶”的最高礼遇，位居中国十大名茶之首。

产地：浙江杭州西湖的狮峰、龙井、五云山、虎跑、梅家坞等地

【茶叶特点】

外形：挺直削尖，扁平挺秀，成朵匀齐，色泽翠绿。
气味：清香幽雅。
手感：细柔平滑。
香气：清高持久，香馥若兰。
汤色：杏绿青碧，清澈明亮。
口感：香郁味醇、甘鲜醇和，品饮后令人齿颊留香、甘泽润喉、回味无穷。
叶底：嫩绿，匀齐成朵，芽芽直立，栩栩如生。

【功效】

1. 提神健脑：龙井茶中的咖啡因能使人的中枢神经系统兴奋起来。
2. 排毒瘦身：龙井茶中的茶多酚和维生素 C 可以有效降低体内胆固醇和血脂水平，而且咖啡因、叶酸和芳香类物质等多种化合物可以很好地调节体内脂肪代谢，因此可以有效地排毒瘦身。
3. 预防肿瘤：龙井茶中的茶多酚、儿茶素等成分具有非常好的杀菌作用，能抑制血管老化，可以降低肿瘤的发生率。

【储存】

西湖龙井极易受潮变质，所以采用密封、干燥、低温冷藏最佳。常用的保存方法是将龙井包成500克一包，放入缸中（缸的底层铺有块状石灰）加盖密封。为使龙井茶更加清香馥郁，滋味更加甘鲜醇和，需避免阳光直射，低温保存。

【冲泡】

茶具：玻璃杯、公道杯、过滤网、茶荷、茶匙、品茗杯，茶巾。

冲泡方法

❶ **烫杯**

采用回旋斟水法，用热水烫洗玻璃杯。

❷ **净杯**

左手托杯底，右手拿杯，逆时针回旋一周。

❸ **温公道杯**

将水倒入公道杯中，稍冲泡片刻。

❹ **温品茗杯**

将水倒入品茗杯中稍洗杯，再将水倒掉。

❺ 投茶

用茶匙把茶荷中的茶叶拨入玻璃杯中。

❻ **润茶**

水倒入杯中七分满，使茶芽舒展后将水倒掉。

❼ **冲水**

在冲水时利用手腕力量使水壶三起三落，充分冲击茶叶，激发茶性。

❽ **出汤**

将茶汤倒入放有过滤网的公道杯中。

❾ **分茶**

取下过滤网，将公道杯中的茶分入品茗杯中。

❿ **敬茶**

向客人介绍西湖龙井汤鲜绿、味鲜醇、香鲜爽，令人赏心悦目的特色。

【冲泡提示】

① 特级龙井可以不洗茶。

② 西湖龙井不宜用沸水冲泡，否则会将茶叶烫熟，从而影响茶叶色泽、口味等。

③ 西湖龙井最好用玻璃杯冲泡，这样就能看清茶在水中翻落沉浮的过程。

绿茶 | 洞庭碧螺春

洞庭碧螺春以形美、色艳、香浓、味醇闻名中外，具有“一茶之下，万茶之上”的美誉，盛名仅次于西湖龙井。碧螺春之茶名由来，有两种说法：一种是康熙帝游览太湖时，品尝后觉香味俱佳，因此取其色泽碧绿，卷曲似螺，春时采制，又得自洞庭碧螺峰等特点，钦赐其美名；另一种则是由一个动人的民间传说而来，说的是为纪念美丽善良的碧螺姑娘，而将其亲手种下的奇异茶树命名为碧螺春。

碧螺春一般分为七个等级，芽叶随级数越大，茸毛越少。只有细嫩的芽叶，巧夺天工的手艺，才能形成碧螺春色、香、味俱全的独特风格。

产地：江苏省苏州市洞庭山

【茶叶特点】

外形：芽白毫卷曲似螺，叶显青绿色，条索纤细，色泽碧绿。
气味：清香淡雅，带花果香。
手感：紧细，略有粗糙质感。
香气：色淡香幽，鲜雅味醇。
汤色：碧绿清澈。
口感：鲜醇甘厚，鲜爽生津，入口香郁回甘。
叶底：叶底幼嫩，均匀明亮，翠芽微显。

【功效】

1. 利尿作用：碧螺春茶中的咖啡碱和茶碱具有利尿作用，可辅助治疗水肿。
2. 减肥作用：碧螺春茶中的茶碱、肌醇、叶酸、泛酸和芳香类物质等多种化合物能调节体内脂肪代谢，茶多酚和维生素 C 能有效降低胆固醇和血脂水平，所以常饮碧螺春茶有减肥的功效。
3. 清热解毒：碧螺春含有脂多糖的游离分子、氨基酸、维生素等，有清热解毒的作用。

【储存】

传统碧螺春的贮藏方法是用纸包住茶叶，再与袋装块状石灰间隔放于缸中，进行密封处理。现在更多采用三层塑料保鲜袋，将碧螺春分层扎紧，隔绝空气，或用铝箔袋密封后放入 10℃的冰箱里冷藏，可保存一年之久，其色、香、味犹如新茶。

【冲泡】

茶具：盖碗、玻璃杯、过滤网、茶荷、茶匙、品茗杯，茶巾。

冲泡方法

❶ **温盖碗**

将开水倒入盖碗中，用以清洁，并提高盖碗温度。

❷ **倒水**

将温烫过盖碗的水温烫玻璃杯。

❸ **凉水**

将 100℃左右的沸水再次倒入盖碗中，至七分满，稍凉至 80℃左右。

❹ **投茶**

用茶匙将碧螺春拨入盖碗中。

❺ **洗茶**

往盖碗中倒入温水，清去茶毛。

❻ **弃水**

将盖碗中的水倒掉，不用。

❼ **冲水**

沿着盖碗四周，冲入开水，至七分满。

❽ **静置**

盖上碗盖，静置 3 分钟。

❾ **出汤**

将盖碗中的茶汤倒入放好过滤网的玻璃杯中。

❿ **分茶**

将玻璃杯中的茶汤分入已洗好的品茗杯中。

⓫ **鉴赏**

端起品茗杯，观赏茶汤色淡清澈，银毫闪烁。

⓬ **品饮**

饮一口茶汤，入口芳香宜人、回味甘甜。

【冲泡提示】

饭前、饭后半小时不能喝茶；头遍冲泡的茶叶水不能喝。

红茶

祁门红茶

工夫红茶是中国特有的红茶。祁门红茶是中国传统工夫红茶中的珍品。祁门红茶以外形苗秀、色有“宝光”和香气浓郁而著称。祁门红茶于 1875 年创制，有百余年的生产历史，是中国传统出口商品，也被誉为“王子茶”，还被列为我国的国事礼茶，与印度的大吉岭红茶、斯里兰卡的乌瓦红茶并称为“世界三大高香茶”。

祁门红茶的品质与其优越的自然生态环境条件是分不开的。祁门多山脉，峰峦叠嶂、山林密布、土质肥沃、气候温润，而茶园所在的位置有天然的屏障，有酸度适宜的土壤和丰富的水分，因此能培育出优质的祁门红茶。

产地：安徽省祁门县，石台、东至、黟县、贵池等地也有少量生产

【茶叶特点】

外形： 条索紧细纤秀，乌黑油润。
气味： 馥郁持久，纯正高远。
手感： 细碎零散，略显轻盈。
香气： 带兰花香，清香持久。
汤色： 红艳透明。
口感： 醇厚回甘，浓醇鲜爽，带有蜜糖香味。
叶底： 叶底嫩软，鲜红明亮。

【功效】

1. 消炎杀菌： 祁门工夫红茶中儿茶素能与单细胞的细菌结合，使蛋白质凝固沉淀，借此抑制和消灭病原菌。
2. 养胃护胃： 红茶是经过发酵烘制而成的，不仅不会伤胃，反而能够养胃。经常饮用加糖、加牛奶的祁门工夫红茶，有消炎的作用，能有效保护胃黏膜，对治疗溃疡也有一定效果。
3. 抗肿瘤： 研究发现祁门工夫红茶同绿茶一样，具有抗肿瘤功效。

【储存】

祁门红茶的贮藏宜选用干燥、无异味、密闭的陶瓷坛，用牛皮纸包好茶叶，分置于坛底的四周，中间放一个石灰袋，上面再放茶叶包，装满坛后用棉花包盖紧。石灰隔 1~2 个月更换一次。这样可利用生石灰的吸湿性能，使茶叶不受潮。

【冲泡】

茶具：玻璃茶壶、茶匙、茶荷、过滤网、品茗杯、茶巾。

冲泡方法

❶ **温壶**

将开水倒入玻璃茶壶中，有助于提高壶的温度。

❷ **温品茗杯**

将玻璃茶壶中的水倒入品茗杯中稍洗杯。

❸ **弃水**

将品茗杯中的水倒掉，不用。

❹ **投茶**

用茶匙将祁门工夫茶从茶荷中拨入玻璃茶壶中。

❺ **高冲**

用悬壶高冲法将沸水冲入玻璃茶壶，此法可使滋味更纯。

❻ **出汤**

将过滤网取出，留在玻璃茶壶中的即是泡好的茶汤。

❼ **分茶**

将玻璃茶壶中的茶汤分入品茗杯中。

❽ **品饮**

细细品尝品茗杯中的茶汤，入口醇厚回甘。

【冲泡提示】

① 祁门工夫茶以 8 月份茶最鲜，味道最佳，可加糖饮用。

② 祁门工夫茶十分紧细纤秀，不用洗茶，可直接冲泡饮用。

乌龙茶 | 安溪铁观音

安溪铁观音，又称红心观音、红样观音，被视为乌龙茶中的极品，且跻身于中国十大名茶之列，以其香高韵长、醇厚甘鲜而驰名中外，并享誉世界，尤其是在日本市场，曾两度掀起“乌龙茶热”。

安溪铁观音可用“音韵”一词来概括。“音韵”来自铁观音特殊的香气和滋味。有人说，品饮铁观音中的极品——观音王，有超凡入圣之感，仿佛羽化成仙。“烹来勺水浅杯斟，不尽余香舌本寻。七碗漫夸能畅饮，可曾品过铁观音？”铁观音名出其韵，贵在其韵，领略“音韵”乃爱茶之人一大乐事，只能意会，难以言传。

产地：福建省安溪市

【茶叶特点】

外形：肥壮圆结，色泽砂绿、光润。

气味：有天然兰花香。

手感：结实，有颗粒感，略粗糙。

香气：茶香馥郁清高，鲜灵清爽，香高持久。

汤色：金黄浓艳。

口感：醇厚甘鲜，清爽甘甜，入口余味无穷。

叶底：沉重匀整，青绿红边，肥厚明亮。

【功效】

1. 杀菌解毒：茶叶中有一种叫黄酮的混合物，有杀菌解毒之功效。

2. 美容、抗衰老：医学研究表明，铁观音含有儿茶素等多种营养成分，具有较强的抗氧化作用，可有效消除细胞中的活性氧分子，从而有利于延缓衰老，有美容养颜的功效。

3. 预防肿瘤：安溪铁观音的含硒量很高，在茶叶中位居前列。因为硒能刺激免疫蛋白及抗体抵御疾病，因此安溪铁观音也有预防肿瘤的作用。

【储存】

安溪铁观音要低温、密封或真空贮藏，还要降低茶叶的含水量，这样可以在短时间内保证茶叶的色、香、味。低温保存是将茶叶保存空间的温度保持在5℃以下，可使用冷藏库或冷冻库保存茶叶，少量保存时可使用电冰箱。

【冲泡】

茶具：盖碗、公道杯、茶匙、茶荷、过滤网、品茗杯。

冲泡方法

❶ **温盖碗**

将开水倒入盖碗中，用以清洁，并提高盖碗温度。

❷ **温公道杯**

将温烫过盖碗的水倒入公道杯中，稍冲泡片刻。

❸ **温品茗杯**

将温烫过公道杯的水倒入品茗杯中稍洗杯，再将水倒掉。

❹ **投茶**

用茶匙将安溪铁观音从茶荷中拨入盖碗中。

❺ **洗茶**

倒入适量温水浸润茶叶，以使紧结的茶球泡松。

❻ **弃水**

将润过茶叶的水倒出盖碗，不用。

❼ **冲水**

打开盖子，往盖碗中冲入沸水至七分满。

❽ **出汤**

将盖碗中的茶汤倒入放有过滤网的公道杯中。

❾ **分茶**

取下过滤网，将公道杯中的茶汤分入品茗杯中。

❿ **品饮**

观赏品茗杯中的茶汤，并细细品尝。

【冲泡提示】

① 空腹不饮，否则会感到饥肠辘辘、头晕欲吐。

② 睡前不宜饮用，否则难以入睡。

③ 冷茶不饮。因冷茶性寒，对胃不利。

绿茶 六安瓜片

六安瓜片，又称片茶，为绿茶特有茶类，是通过独特的传统加工工艺制成的形似瓜子的片形茶叶。六安瓜片不仅外形别致，制作工序独特，采摘也非常精细，是茶中不可多得的精品，更是我国绿茶中唯一去梗、去芽的片茶。因其外形完整、光滑顺直，酷似瓜子，又因产自六安一带，故称“六安瓜片”。

六安瓜片历史悠久，文化内涵丰厚，早在唐代，陆羽《茶经》中便有“潞州六安（茶）”之称。六安瓜片在明代成为贡茶，《六安州志》记载：“茶之精品，明朝始入贡。”

产地：安徽省六安市

【茶叶特点】

外形：叶缘向外翻卷，呈瓜子状，单片不带梗芽，色泽宝绿，起润有霜。
气味：清香高爽，馥郁如兰。
手感：纹路清晰，略粗糙。
香气：醇正甘甜，香气清高。
汤色：嫩黄明净，清澈明亮。
口感：鲜爽醇厚，清新幽雅。
叶底：嫩黄，厚实明亮。

【功效】

1. 抗菌：六安瓜片中的儿茶素对细菌有抑制作用，同时又不会影响肠道内的有益菌的繁衍，因此具有抗菌的功效。
2. 防龋齿、清口臭：六安瓜片中含有氟，还含儿茶素，均可抑制致龋菌，减少牙菌斑及牙周炎的发生。六安瓜片中所含的单宁酸，具有杀菌作用，能阻止食物渣屑繁殖细菌，故可以有效预防口臭。

【储存】

贮藏六安瓜片时，可先用铝箔袋包好后放入密封罐中，必要时也可放入干燥剂，加强防潮。然后放置在干燥、避光的地方，不要靠近带强烈异味的物品，且不能被挤压，最好置于冰箱冷藏保存。

【冲泡】

茶具：盖碗、公道杯、过滤网、茶荷、茶匙、品茗杯。

冲泡方法

❶ **温盖碗**

将 80℃的水倒入盖碗内，以提高盖碗的温度。

❷ **温公道杯**

将温烫过盖碗的水倒入公道杯中，稍冲泡片刻。

❸ **温品茗杯**

将温烫过公道杯的水倒入品茗杯中稍洗杯。

❹ **弃水**

将品茗杯中的水倒掉，不用。

❺ **投茶**

用茶匙将六安瓜片从茶荷中拨入盖碗中。

❻ **冲水**

将 80℃左右的水沿盖碗杯沿的一边倒入，覆盖茶叶，至七分满。

❼ **静置**

盖上碗盖，静置 2 分钟稍闷泡，使茶叶舒展。

❽ **出汤**

取过滤网放在公道杯上，将茶汤倒入公道杯中。

❾ **分茶**

将公道杯中的茶汤分入品茗杯中。

❿ **鉴赏**

观赏品茗杯中的茶汤，细细品尝。

【冲泡提示】

① 水温控制在 80~90℃为宜。

② 润茶时间控制在 30 秒左右。

绿茶 | 黄山毛峰

由于“白毫披身，芽尖似峰”，黄山毛峰故名曰“毛峰”。传说中，如果用黄山上的泉水烧沸来冲泡黄山毛峰，热气会绕碗边转一圈儿，转到碗中心就直线升腾，约有一尺高，然后在空中转一圆圈儿，化成一朵白莲花。那白莲花又慢慢上升化成一团云雾，最后散成一缕缕热气飘荡开来。这便是白莲奇观的故事。

1955 年，黄山毛峰因其独特的“香高、味醇、汤清、色润”的特点，被誉为茶中精品，被评为“中国十大名茶”之一。1986 年，黄山毛峰被外交部选为外事活动礼品茶。

产地：安徽歙县黄山汤口、富溪一带

【茶叶特点】

外形：细嫩稍卷，形似“雀舌”，色似象牙，嫩匀成朵，片片金黄。

气味：馥郁如兰，清香扑鼻。

手感：紧细而不平整。

香气：清鲜高长，韵味深长。

汤色：绿中泛黄，清碧杏黄，汤色清澈明亮。

口感：浓郁醇和，滋味醇甘。

叶底：肥壮成朵，厚实鲜艳，嫩绿中带着微黄。

【功效】

1. 抗菌、抑菌：黄山毛峰茶中的茶多酚和鞣酸作用于细菌中，能凝固细菌的蛋白质，将细菌杀死，可辅助治疗肠道疾病。

2. 减肥：黄山毛峰茶中的茶碱、肌醇、叶酸、泛酸和芳香类物质等多种化合物能有效调节脂肪代谢，茶多酚和维生素 C 能降低体内胆固醇和血脂水平，所以常饮此茶能减肥瘦身。

3. 防龋齿：黄山毛峰茶中含有氟，能变成较难溶于酸的“氟磷灰石”，从而提高牙齿的防酸抗龋能力。

【储存】

需将黄山毛峰放在密封、干燥、低温、避光的地方，以避免茶叶中的活性成分被快速氧化。家庭贮藏黄山毛峰时多采用塑料袋进行密封，再将塑料袋放入密封性较好的茶叶罐中，置于阴凉、干爽处保存，这样能较长时间保持住茶叶的香气和品质。

【冲泡】

茶具：盖碗、公道杯、茶荷、茶匙、过滤网、品茗杯、茶巾。

冲泡方法

① **温盖碗**

将开水倒入盖碗中，用以清洁，并提高盖碗温度。

② **温公道杯**

将温烫过盖碗的水倒入公道杯中，以提高公道杯温度。

③ **温品茗杯**

将公道杯中的水逐一倒入品茗杯中温烫，再将水倒掉。

④ **投茶**

用茶匙将黄山毛峰拨入盖碗中。

⑤ **冲水**

沿着盖碗杯沿的一边冲入开水，冲至三分满。

⑥ **摇香**

拿起盖碗，轻轻摇动，将香气充分散发。

⑦ **再次冲水**

沿着盖碗杯沿的一边冲入开水，冲至七分满。

⑧ **出汤**

将过滤网放在公道杯上，将茶汤倒入公道杯中。

⑨ **分茶**

取下滤网，将公道杯中的茶汤分入品茗杯中。

⑩ **品饮**

端起品茗杯，饮一口茶汤，入口甘醇。

【冲泡提示】

① 浓淡适宜，茶与水的重量比为 1:80。

② 应用 80~90℃的开水冲泡，使茶水绿翠明亮、香气纯正、滋味甘醇。

③ 一壶的冲泡次数不宜过多，一般 3~4 次。

绿茶 | 庐山云雾

庐山云雾茶是庐山的地方特产之一，由于长年受庐山流泉飞瀑的浸润，形成了独特的“味醇、色秀、香馨、液清”的醇香品质，更因其六绝“条索清壮、青翠多毫、汤色明亮、叶好匀齐、香郁持久、醇厚味甘”而著称于世，被评为绿茶中的精品。有诗赞曰：“庐山云雾茶，味浓性泼辣，若得长时饮，延年益寿法。”

庐山云雾茶始产于汉代，最早是一种野生茶，后东林寺名僧慧远将其改造为家生茶，曾有“闻林茶”之称，已有一千多年的栽种历史。宋代被列为贡茶，是中国十大名茶之一。

产地：江西庐山

【茶叶特点】

外形：紧凑秀丽，芽壮叶肥，青翠多毫，色泽翠绿。

气味：幽香如兰，鲜爽甘醇。

手感：细碎轻盈。

香气：鲜爽持久，浓郁高长，隐约有豆花香。

汤色：浅绿明亮，清澈光润。

口感：滋味深厚，醇厚甘甜，入口回味香绵。

叶底：嫩绿匀齐，柔润带黄。

【功效】

1. 抗菌杀菌：庐山云雾茶中的儿茶素对引起人体致病的部分细菌有抑制效果，有助于保护消化道，预防消化道肿瘤。

2. 保护口腔健康：用庐山云雾茶漱口可预防牙龈出血，有效杀灭口腔细菌，所含有的氟和儿茶素还可抑制生龋菌的生长，减少牙菌斑，以及预防牙周炎的发生。

3. 瘦身减肥：庐山云雾茶中含有茶碱以及咖啡碱，可以经由许多作用活化蛋白质激酶及三酰甘油解脂酶，减少脂肪细胞堆积，从而达到减肥功效。

【储存】

庐山云雾宜选择铁罐、米缸、陶瓷罐等贮存，铺上生石灰或硅胶，将茶叶干燥后用纸包住，扎紧细绳后一层层地放入，最后密封即可。待生石灰吸潮风化则更换，一般每隔 1~2 个月更换 1 次；若用硅胶，则待硅胶吸水变色后将其烘干，可再次放入继续使用。

【冲泡】

茶具：紫砂壶、玻璃杯、过滤网、茶荷、茶匙、品茗杯。

冲泡方法

❶ **烫壶**

将开水倒入准备好的紫砂壶中，用以清洁，并提高紫砂壶温度。

❷ **温玻璃杯**

将温烫过紫砂壶的水倒入玻璃杯中，稍微冲泡片刻。

❸ **温品茗杯**

将温烫过玻璃杯的水倒入品茗杯中稍洗杯。

❹ **弃水**

将温烫过品茗杯的水倒掉。

❺ **投茶**

用茶匙将庐山云雾拨入紫砂壶中。

❻ **冲水**

往紫砂壶中注入 80℃左右的水，至八分满。

❼ **静置**

将盖子盖上，静置 2 分钟，使茶叶舒展。

❽ **出汤**

在玻璃杯上放一个过滤网，将紫砂壶中的茶汤倒入玻璃杯中。

❾ **分茶**

将玻璃杯中的茶汤分入品茗杯中。

❿ **赏茶**

观赏品茗杯中的茶汤，细细品味。

【冲泡提示】

① 泡茶前烫杯。沏茶时，最好先倒半杯开水烫杯。

② 茶与水的比例。茶叶和水的比例约是 1∶50。

③ 冲泡庐山云雾的水温约 80℃即可，可适时续水。

乌龙茶 | 武夷岩茶

武夷岩茶产自武夷山，因其茶树生长在岩缝中，因而得名“武夷岩茶”。武夷岩茶属于半发酵茶，是中国乌龙茶中的极品。武夷岩茶的制作可追溯至汉代，到清朝达到鼎盛。

武夷岩茶的制作方法汲取了绿茶和红茶制作工艺的精华，再经过晾青、做青、杀青、揉捻、烘干、毛茶、归堆、定级、筛号茶取料、拣剔、筛号茶拼配、干燥、摊凉、匀堆等十几道工序制作而成。武夷岩茶是武夷山历代茶农智慧的结晶。2006 年，武夷岩茶的制作工艺被列为首批“国家级非物质文化遗产”。

产地：福建省武夷山

【茶叶特点】

外形：条索健壮、匀整，绿褐鲜润。

气味：具有天然真味。

手感：粗糙，有厚实感。

香气：浓郁清香。

汤色：清澈艳丽，呈深橙黄色。

口感：滋味甘醇。

叶底：软亮匀整，绿叶带红镶边。

【功效】

1. 抗衰老：饮用武夷岩茶可以使血液中维生素 C 含量保持较高水平，尿液中维生素 C 排出量减少，起到抗衰老的作用。常饮武夷岩茶可从多方面增强人体抗衰老能力。

2. 提神益思，消除疲劳：武夷岩茶所含的咖啡因较多，咖啡因能促使人体中枢神经兴奋，增强大脑皮质的兴奋过程，起到提神益思、清心的效果。

3. 预防疾病：武夷岩茶中的儿茶素能降低血液中的胆固醇水平，抑制血小板凝集，可以降低动脉硬化的发生率。

【储存】

武夷岩茶最好以每包 100 克左右的量，用锡箔袋或有锡箔层的牛皮纸包好，系紧压实后放入木质、铁质、锡质容器内，再放到避光、防潮、避风、无异味的地方储藏。大约一年后将茶取出观察，查看是否受潮、发霉、变质。

【冲泡】

茶具：盖碗、公道杯、茶荷、茶匙、过滤网、品茗杯。

冲泡方法

❶ **温盖碗**

将开水倒入盖碗中，用以清洁，并提高盖碗温度。

❷ **温公道杯**

将温烫过盖碗的水倒入公道杯中，以清洁公道杯。

❸ **温品茗杯**

将公道杯里的水逐一倒入品茗杯中温烫，再将水倒掉。

❹ **投茶**

用茶匙将武夷岩茶从茶荷中拨入盖碗中。

❺ **洗茶**

冲入开水，洗去茶中尘埃。

❻ **弃水**

将洗茶的水倒出，不用。

❼ **冲水**

往盖碗中倒入沸水，使茶叶舒展。

❽ **出汤**

在公道杯上放一个过滤网，将泡好的茶汤倒入公道杯中。

❾ **分茶**

将公道杯中的茶汤分入品茗杯中。

❿ **品饮**

茶汤入口后，滋味醇厚甘鲜，冲泡 7~8 次后，仍然有原茶的真味。

【冲泡提示】

① 忌喝新茶。因为新茶中含有未经氧化的多酚类、醛类及醇类等，对胃肠黏膜有较强的刺激，所以忌喝新茶。

② 品茶时可以把茶叶咀嚼后咽下去，对人体有益。

黄茶 | 君山银针

君山银针是黄茶中最杰出的代表，色、香、味、形俱佳，是茶中珍品。君山银针在历史上曾被称为“黄翎毛”“白毛尖”等，后因它茶芽挺直，布满白毫，形似银针，于是得名“君山银针”。

君山银针有“金镶玉”之称，古人曾形容它如“白银盘里一青螺”。据《巴陵县志》记载：“君山产茶嫩绿似莲心。”“君山贡茶自清始，每岁贡十八斤。”《湖南省新通志》中又有记载：“君山茶色味似龙井，叶微宽而绿过之。”

产地：湖南省岳阳市洞庭湖中的君山

【茶叶特点】

外形：芽头健壮，金黄发亮，白毫毕显，外形似银针。
气味：清香醉人。
手感：光滑平整。
香气：毫香清醇，清香浓郁。
汤色：杏黄明净。
口感：甘醇甜爽，满口芳香。
叶底：肥厚匀齐，嫩黄清亮。

【功效】

1. 预防食管癌：君山银针茶中富含茶多酚、氨基酸、可溶性糖、维生素等营养物质，营养价值高，对预防食管癌有明显功效。
2. 消炎杀菌：君山银针鲜叶中天然物质保留 85% 以上，这些物质对杀菌、消炎均有特殊效果。
3. 消脂减肥：君山银针茶叶沤制中产生的消化酶，能有效促进脂肪代谢，减少脂肪的堆积，在一定程度上能起到消脂的作用，是减肥佳品。

【储存】

如果是家庭用的君山银针，可以将干燥的茶叶用软白纸包好，放入塑料袋中轻轻挤压排出空气，再用细软绳扎紧袋口，将另一只塑料袋反套在外面后挤出空气，放入干燥、无味、密封的铁筒内储藏。

【冲泡】

茶具：玻璃杯、公道杯、过滤网、茶荷、茶匙、品茗杯。

冲泡方法

① 温杯

将开水倒入玻璃杯，提高玻璃杯温度，再擦干杯，避免茶芽吸水而不立。

② 温公道杯

用温烫过玻璃杯的水浸润公道杯。

③ 温品茗杯

用温烫过公道杯的水浸润品茗杯，再将水倒掉。

④ 投茶

用茶匙将君山银针从茶荷拨入到玻璃杯。

⑤ 冲水

将 80℃的水先快后慢冲入玻璃杯中至五分满。

⑥ 静置

将玻璃杯静置 2 分钟，使茶芽湿透。

⑦ 再次冲水

继续往玻璃杯中倒入 80℃左右的水，冲至八分满。

⑧ 赏茶

约 5 分钟后，可见茶芽渐次直立，上下沉浮，在芽尖上有晶莹的气泡。

⑨ 出汤

取过滤网放在公道杯上，倒入茶汤。

⑩ 分茶

将公道杯中的茶汤分入品茗杯中。

⑪ 品饮

饮一口茶汤，入口后甘醇甜爽。

【冲泡提示】

君山银针既有茶的幽香、醇味，又有茶的所有特性。从品茗的角度而言应该重在观赏，因此要特别强调茶的冲泡技术和程序，以免破坏茶性。

绿茶 | 信阳毛尖

信阳毛尖，亦称“豫毛峰”，是河南省著名特产之一，被列为中国十大名茶之一。信阳毛尖早在唐代就已成为朝廷贡茶，在清代则跻身于全国名茶之列，素以“细、圆、光、直、多白毫、香高、味浓、汤色绿”的独特风格而饮誉中外。北宋时期的大文学家苏东坡曾赞叹道：“淮南茶，信阳第一。西南山农家中茶者甚多，本山茶色味香俱美，品不在浙闽下。”到了近现代，信阳毛尖更是享誉世界，屡次在名茶评比中获奖。时至今日，信阳毛尖已成为有着丰富内涵和体现国家茶文化精髓的使者。

产地：河南省信阳市

【茶叶特点】

外形：纤细如针，细秀匀直，色泽翠绿光润，白毫显露。
气味：清香扑鼻。
手感：粗细均匀，紧致光滑。
香气：清香持久。
汤色：汤色清澈，黄绿明亮。
口感：鲜浓醇香，醇厚高爽，回甘生津。
叶底：细嫩匀整，嫩绿明亮。

【功效】

1. 强身健体：信阳毛尖含有氨基酸、生物碱、茶多酚、有机酸、芳香物质、维生素以及水溶性矿物质，具有生津解渴、清心明目、提神醒脑、去腻消食、抑制动脉粥样硬化、预防肿瘤和抵御放射性元素等功能。
2. 促进脂类物质转化吸收：由于茶叶中含有嘌呤碱、腺嘌呤等生物碱，可与磷酸、戊糖等物质形成核甘酸，对脂类物质的代谢起着重要作用，尤其对含氮化合物具有极妙的分解、转化作用，使其分解转化成可溶性吸收物质，从而起到消脂的作用。

【储存】

信阳毛尖宜在 0~6℃的环境下保存，先用铁罐子、塑料袋或玻璃罐子密封装好，再放置在冰箱冷藏室里。干燥茶叶容易吸附异味，因此存放的环境宜干燥，避免高温、光照，时时保持清洁，并远离化肥、农药、油脂以及霉变物质。

【冲泡】

茶具：茶壶、公道杯、过滤网、茶荷、茶匙、品茗杯。

冲泡方法

① **烫壶**

将开水倒入茶壶中，去除壶内异味，有助于挥发茶香。

② **温公道杯**

用温烫过茶壶的水浸润公道杯。

③ **温品茗杯**

将温烫过公道杯的水浸润品茗杯，以提高品茗杯的温度。

④ **弃水**

将品茗杯中的水倒掉，不用。

⑤ **投茶**

用茶匙将信阳毛尖从茶荷拨入茶壶中。

⑥ **冲水**

将 90℃左右的水自高向下注入茶壶，至七分满，加盖，稍闷泡。

⑦ **出汤**

过滤网放在公道杯上，将茶汤倒入公道杯中。

⑧ **分茶**

将公道杯中的茶汤分入品茗杯中。

⑨ **品饮**

将品茗杯中的茶分三口品尝，入口滋味鲜醇。

【冲泡提示】

① 劣质的信阳毛尖汤色深绿或发黄、浑浊发暗，不耐冲泡，没有茶香味。

② 冲泡后可等半分钟，在茶汤显出颜色后再品饮，滋味更佳。

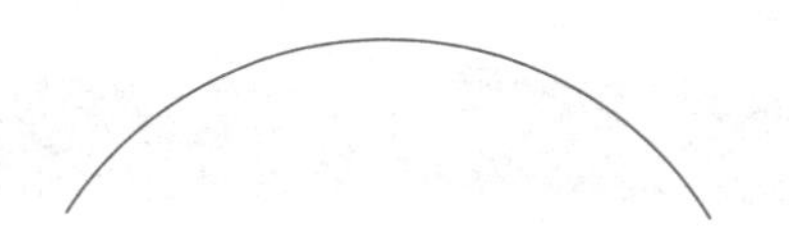

CHAPTER 4

七大茶类之识茶、泡茶

了解了茶叶的基本知识和中国十大名茶，接下来详细学习七大茶类中每种茶的特性和泡法吧！端起泡好的茶，品赏其汤色、香气、滋味、叶底，感受其蕴藏的悠远文化，一切尽在不言中。

绿茶

绿茶，以汤色碧绿清澈，茶汤中绿叶飘逸沉浮的姿态最为著名。绿茶茶叶中的天然物质保留较多，其滋味收敛性强，对防衰老、防癌、杀菌、消炎、降脂减肥等均有效果。饮绿茶不仅是精神上的享受，更能保健防病、有益身心。工作繁忙时喝上一杯绿茶，可以有效地缓解疲劳。夏天饮用绿茶，更能消暑解热。

绿茶的分类

◎炒青绿茶

在加工过程中采用炒制的方法干燥而成的绿茶称为炒青绿茶。由于干燥过程中受到机械或手工操力的作用，成茶容易形成长条形、圆珠形、扁平形、针形、螺形等不同形状。

◎烘青绿茶

在加工过程中采用烘笼进行烘干的方法制成的绿茶称为烘青绿茶。烘青绿茶的香气一般不及炒青绿茶高，但也不乏少数品质特优的烘青名茶。

◎晒青绿茶

在加工过程中采用日光晒干的方法制成的绿茶称为晒青绿茶。晒青绿茶是绿茶里较独特的品种，是将鲜叶在锅中炒杀青、揉捻后直接通过太阳光照射来干燥。

◎蒸青绿茶

在加工过程中通过高温蒸汽的方法将鲜叶杀青而制成的绿茶称为蒸青绿茶。蒸青绿茶的香气较闷，略带青气，其涩味较重，不及炒青绿茶那样鲜爽。

绿茶的冲泡

1 茶具的选用

冲泡绿茶的茶具首选透明度佳的玻璃杯，这样可以欣赏到茶叶在水中舒展的形态。除玻璃杯外，白瓷茶杯也是不错的选择，能映衬出茶汤的青翠明亮。

2 水温控制

冲泡绿茶的最适宜水温是 85℃。水温如果太高则不利于及时散热，容易将茶汤闷得泛黄而口感苦涩。冲泡两次之后，水温可适当提高。在实际的冲泡过程中，也可以根据冲泡方法以及茶叶品种、鲜嫩程度的不同而适当调整水温。置茶量可结合茶具大小以及茶叶种类，适当尝试不同用量，来找到自己喜欢的茶汤浓度。一般来说，茶叶与水的比例以 1:50 为宜，即 1 克茶叶用 50 毫升的水。

3 冲泡方法

冲泡绿茶通常有三种方法。

第一种是上投法。先一次性向茶杯中倒入足量的热水，待水温适宜时再放入茶叶。这种方法要求水温掌握得非常准确，多适用于细嫩炒青绿茶。

第二种是中投法。先往茶杯中放入茶叶，再倒入 1/3 的热水，稍加摇动，使茶叶吸足水分舒展开来，再注入热水至七分满。这种方法也适合较细嫩的茶叶。

第三种是下投法。先往茶杯中放入茶叶，然后一次性向茶杯内倒入足量的热水。这种方法适用于细嫩度较差的绿茶，也属于日常冲泡绿茶最常用的方法。

冲泡时间

绿茶的冲泡，以前三次冲泡为最佳，冲泡三遍后滋味开始变淡。冲泡好的绿茶应尽快饮完，放置时间最好不超过 6 分钟，否则易使口感变差，从而失去绿茶的鲜爽。

适时续水，当茶杯中只剩下 1/3 的茶汤时，即可适当续水了。续水前，应先将温水加热，再注入茶杯中，这样才能保证续水后的茶汤温度仍不低于 90℃，也保证了茶汤的浓度。一般每杯茶可续水两次，也可按个人口味喜好酌情处理。

绿茶的贮藏

高档绿茶一般采用纸罐、铝罐内衬阻碍性好的软包装，价格中等的还流行用铁罐、铝罐或者易拉罐包装，其保鲜效果都很显著。绿茶保存时可使用干燥剂进行干燥，或放入冷库冷藏，保鲜效果更理想。

炒青绿茶 | 大佛龙井

产地：浙江省新昌县

“南方有嘉木，新昌有好茶。”大佛龙井茶就产自新昌天姥山的高山云雾中，采用西湖龙井嫩芽精制而成，品质卓越，主要分为两种不同风格的茶品，即绿版和黄版，区别在于成品茶的外形色泽和对香气的不同追求。新昌大佛龙井主要得益于得天独厚的自然环境，具备了茶叶典型的高山风味。

茶叶特点

外形：扁平光滑，色泽绿翠匀润。

气味：带有纯正的花香。

手感：平滑。

香气：略带花香。

汤色：黄绿明亮。

口感：鲜爽甘醇。

叶底：细嫩成朵。

功效

1. 排毒养颜：常喝大佛龙井茶，可以排毒养颜、抗衰老以及防辐射。

2. 兴奋作用：此茶叶中的咖啡碱能够兴奋人的中枢神经系统，帮助人们振奋精神、缓解疲劳。

冲泡

【茶具】玻璃杯 1 个。

【方法】

1. 温杯：将热水倒入玻璃杯中进行温杯，而后弃水不用。
2. 冲泡：将 5 克大佛龙井茶叶拨入玻璃杯中，冲入 80℃左右的热水进行冲泡。
3. 品茶：静待茶叶下沉，即可品饮。

炒青绿茶 | 松阳银猴

产地：浙江省松阳瓯江上游的古市区

松阳银猴茶为浙江省新创制的名茶之一。银猴茶采制技术精巧，开采早、采得嫩、拣得净是它的采摘特点。此茶清明前开采，谷雨时结束。采摘标准为：特级茶为一芽一叶初展，1~2 级茶为一芽一叶至一芽二叶初展。该茶品质优异，被誉为“茶中瑰宝”。

茶叶特点

外形：卷曲多毫，色泽如银。

气味：有一种令人心旷神怡的茶香。

手感：多毫，有茸毛感。

香气：香气浓郁。

汤色：绿明清澈。

口感：甘甜鲜爽。

叶底：黄绿明亮。

功效

1. 抗菌杀菌：松阳银猴茶中的茶多酚有助于保护消化道，预防肿瘤。

2. 保护口腔健康：用松阳银猴茶汤漱口可预防牙龈出血，杀灭口腔细菌，保持口腔清洁。

冲泡

【茶具】透明玻璃杯 1 个。

【方法】

1. 温杯：将热水倒入玻璃杯中进行温杯，而后弃水不用。

2. 冲泡：将 3 克松阳银猴茶叶拨入玻璃杯中，往玻璃杯中冲入 75~85℃的水，七分满即可。

3. 品茶：1 分钟后即可出汤品饮，香气浓郁，滋味甘甜鲜爽。

炒青绿茶 | 千岛玉叶

产地：浙江省淳安县千岛湖畔

千岛玉叶是 1982 年创制的名茶，原称“千岛湖龙井”。千岛玉叶月白新毫，翠绿如水，纤细幼嫩，获得茶叶专家的一致好评。千岛玉叶制作略似西湖龙井，而又有别于西湖龙井。其所用鲜叶原料，均要求嫩匀成朵，标准为一芽一叶初展，并要求芽长于叶。

茶叶特点

外形：扁平挺直，绿翠露毫。

气味：带有青纯茶香，隽永持久。

手感：有壮结感。

香气：清香持久。

汤色：黄绿明亮。

口感：醇厚鲜爽。

叶底：嫩绿成朵。

功效

1. 降低胆固醇：千岛玉叶茶中的儿茶素能降低血液中的胆固醇。

2. 抑制心血管疾病：千岛玉叶茶中的黄酮醇类有抗氧化作用，可有效防止血液凝块、血小板成团，减少血液系统发生病变，可以有效抑制心血管疾病。

冲泡

【茶具】盖碗 1 个。

【方法】

1. 温杯：将开水倒入盖碗中进行冲洗，而后弃水不用。

2. 冲泡：将 3 克千岛玉叶茶叶拨入盖碗中，冲入 85℃左右的水，七分满即可。

3. 品茶：冲泡后，可欣赏茶叶在杯中根根直立、如舞如蹈的骄人姿态，1 分钟后即可出汤品饮。

炒青绿茶 | 普陀佛茶

产地：浙江省普陀山

普陀佛茶又称普陀山云雾茶，产于普陀山。普陀山冬暖夏凉，四季湿润，土地肥沃，茶树大都分布在山峰向阳面和山坳避风的地方，这样的环境为茶树的生长提供了十分优越的自然环境。普陀佛茶外形“似螺非螺，似眉非眉”，色泽翠绿披毫，香气馥郁芬芳，汤色嫩绿明亮，味道清醇爽口，又因其外形略像蝌蚪，亦称“凤尾茶”。

茶叶特点

外形：紧细卷曲，绿润显毫。

气味：清香馥郁。

手感：柔软，有茸毛感。

香气：清香高雅。

汤色：黄绿明亮。

口感：鲜美浓郁。

叶底：芽叶成朵。

功效

1. 防肿瘤、防辐射：普陀佛茶有防肿瘤、抵御放射性元素等功效。

2. 消食去腻、净化胃肠：普陀佛茶中的黄烷醇可使人体消化道松弛，净化消化道，消食去腻。

冲泡

【茶具】紫砂壶 1 个。

【方法】

1. 投茶：将 4 克普陀佛茶茶叶拨入紫砂壶中。

2. 冲泡：然后冲入 85℃左右的水，七分满即可。

3. 品茶：片刻后即可品饮，入口后令人神清气爽、回味无穷。

烘青绿茶

泰顺云雾茶

产地：浙江省泰顺县

泰顺云雾茶是我国历史名茶，始产于汉代，宋代列为贡茶。泰顺云雾茶由于受高山凉爽多雾的气候及日光直射时间短等条件影响，叶厚，毫多，醇甘耐泡，富含单宁、芳香油类和维生素等营养物质。泰顺云雾茶以“味醇、色秀、香馨、汤清”而久负盛名，畅销国内外。

茶叶特点

外形：条索紧细，嫩绿油润。

气味：带有高山茶的香馨，气味高远。

手感：较粗糙。

香气：清香持久。

汤色：清澈明亮。

口感：浓醇味甘。

叶底：黄绿嫩匀。

功效

1. 醒脑提神：泰顺云雾茶中的咖啡碱能兴奋人体中枢神经，可提神、醒脑。

2. 减肥消脂：此茶叶中的生物碱能与人体内磷酸等结合形成核苷酸，核苷酸可以对氮化合物进行分解、转化，达到减肥消脂的功效。

冲泡

【茶具】玻璃杯 1 个。

【方法】

1. 温杯：将热水倒入玻璃杯中进行温杯，而后弃水不用。

2. 冲泡：冲入 85℃左右的水至七分满，再将 4 克泰顺云雾茶茶叶拨入玻璃杯中即可。

3. 品茶：片刻后即可出汤，入口浓醇、味甘、清香持久。

烘青绿茶 开化龙顶

产地：浙江开化县齐溪镇大龙山

开化龙顶茶为中国的名茶新秀，采于清明、谷雨间，选取茶树上长势旺盛健壮枝梢上的一芽一叶或一芽二叶初展为原料。炒制工艺分杀青、揉捻、初烘、理条、烘干等五道工序。1985 年在浙江省名茶评比中，开化龙顶茶荣获食品工业协会颁发的名茶荣誉证书，同年被评为“全国名茶”之一。

茶叶特点

外形：紧直苗秀，色泽绿翠。

气味：带有幽兰的清香。

手感：比较壮结，稍有毛茸感。

香气：清幽持久。

汤色：嫩绿清澈。

口感：浓醇鲜爽。

叶底：嫩匀成朵。

功效

1. 利尿消肿：开化龙顶茶叶中的咖啡碱、茶碱能利尿，缓解水肿。

2. 强心解痉：开化龙顶茶叶中的咖啡碱具有强心、解痉、松弛平滑肌的功效，能有效解除支气管痉挛。

冲泡

【茶具】盖碗 1 个。

【方法】

1. 冲泡：将 4 克开化龙顶茶叶拨入盖碗中，冲入 80℃左右的水，七分满即可。

2. 品茶：茶汤香气扑鼻、馥郁持久，有板栗香和兰花香两种，其中以兰花香为上品。

烘青绿茶 | 江山绿牡丹

产地：浙江省江山市裴家地、龙井

江山绿牡丹始制于唐代，北宋文豪苏东坡誉之为“奇茗”，明代列为御茶。茶树芽叶萌发早，芽肥叶厚，持嫩性强，一般于清明前后采摘一芽一叶或一芽二叶初展。江山绿牡丹以传统的工艺制作，经摊放、炒青、轻揉、理条、轻复揉、初烘、复烘等多道工序制作而成。

茶叶特点

外形： 白毫显露，色泽翠绿。

气味： 带有淡淡的茶叶幽香。

手感： 有茸毛感。

香气： 香气清高。

汤色： 碧绿清澈。

口感： 鲜醇爽口。

叶底： 嫩绿明亮。

功效

1. 健齿护齿： 江山绿牡丹含有氟，茶中儿茶素有抑制生龋菌作用，有助于减少牙菌斑及牙周炎的发生。

2. 预防肿瘤： 江山绿牡丹茶对某些肿瘤有抑制作用。

冲泡

【茶具】 盖碗 1 个。

【方法】

1. 冲泡：将 5 克江山绿牡丹茶叶拨入盖碗中，再往盖碗中冲入 85℃左右的水即可。

2. 品茶：静置 3 分钟后即可品饮。香气清高，具嫩栗香，滋味鲜醇爽口。

炒青绿茶 花果山云雾茶

产地：江苏省连云港市花果山

花果山云雾茶形似眉状，叶形如剪，清澈浅碧、略透粉黄，润绿显毫；冲泡后透出粉黄的色泽，条束舒展，如枝头新叶，阴阳向背，碧翠扁平，香高持久，滋味鲜浓。花果山云雾茶生于高山云雾之中，纤维素较少，可多次冲泡，啜尝品评，余味无穷。

茶叶特点

外形： 条束舒展，润绿显毫。

气味： 气息醇厚，比较持久。

手感： 平直长滑。

香气： 香高持久。

汤色： 嫩绿清澈。

口感： 鲜浓甘醇。

叶底： 黄绿明亮。

功效

1. 醒脑提神： 花果山云雾茶中的咖啡碱能使中枢神经兴奋，提神醒脑。

2. 利尿解乏： 花果山云雾茶中的咖啡碱可刺激肾脏，促使尿液迅速排出体外，提高肾脏的滤过率，减少有害物质对肾脏的伤害。

冲泡

【茶具】 盖碗 1 个。

【方法】

1. 冲泡： 将 3 克花果山云雾茶茶叶拨入盖碗中，冲入 80℃左右的水至七分满即可。

2. 品茶： 2 分钟后即可品饮，入口鲜浓甘醇、香气清高持久。

炒青绿茶

南京雨花茶

产地：江苏省南京市雨花台

雨花茶是全国名茶之一，茶叶外形圆绿，如松针，带白毫，紧直。雨花茶因产自南京雨花台而得名。雨花茶必须在谷雨前采摘，采摘下来的嫩叶要长有一芽一叶，经过杀青、揉捻、整形、烘炒四道工序，全工序皆用手工完成。紧、直、绿、匀是雨花茶品质特色。

茶叶特点

外形：形似松针，色呈墨绿。

气味：清幽，有若有若无之感。

手感：两端略尖，触摸时稍感扎手。

香气：浓郁高雅。

汤色：绿而清澈。

口感：鲜醇宜人。

叶底：嫩匀明亮。

功效

1. 预防疾病：雨花茶中的儿茶素能降低血液中的胆固醇水平，可以降低动脉硬化发生率，抑制血小板凝集。

2. 润肠通便：此茶中的茶多酚可促进胃肠蠕动，帮助消化，预防便秘。

冲泡

【茶具】玻璃杯或盖碗 1 个。

【方法】

1. 温杯：将热水倒入玻璃杯或盖碗中进行温杯，而后弃水不用。

2. 冲泡：冲入 80℃左右的水至七分满，用茶匙将 6 克雨花茶茶叶从茶荷拨入玻璃杯或盖碗中。

3. 品茶：2 分钟后即可出汤品饮，入口鲜醇宜人。

烘青绿茶 | 太平猴魁

产地：安徽省黄山市北麓的黄山区新明、龙门、三口一带

太平猴魁是中国历史名茶，创制于1900年，曾出现在非官方评选的“十大名茶”之列中。太平猴魁外形两叶抱芽，扁平挺直，自然舒展，白毫隐伏，有“猴魁两头尖，不散不翘不卷边”之称。太平猴魁在谷雨至立夏之间采摘，茶叶长出一芽三叶或四叶时开园，立夏前停采。

茶叶特点

外形： 肥壮细嫩，色泽苍绿匀润。

气味： 香气高爽，带有一种兰花香味。

手感： 叶底嫩匀，有轻轻细嫩的感觉。

香气： 香浓甘醇。

汤色： 清澈明亮。

口感： 鲜爽醇厚。

叶底： 嫩匀肥壮。

功效

1. 抗疲劳： 太平猴魁茶叶中的咖啡碱能兴奋中枢神经，帮助消除疲劳。

2. 抑制动脉硬化： 太平猴魁茶叶中的茶多酚和维生素C都有活血化瘀、防止动脉硬化的作用。所以经常饮此茶的人，高血压和冠心病的发病率较低。

冲泡

【茶具】 玻璃杯或盖碗1个。

【方法】

1. 温杯：将热水倒入玻璃杯或盖碗中进行温杯，而后弃水不用。
2. 冲泡：冲入90℃左右的水至七分满，用茶匙将6克太平猴魁茶叶从茶荷轻轻拨入玻璃杯或盖碗中。
3. 品茶：2分钟后即可出汤品饮，入口鲜爽醇厚。

炒青绿茶 黄山银毫

产地：安徽省黄山

黄山银毫是创新名茶，产自安徽黄山，采摘清明前后一芽一叶嫩芽，要求做到三个一致，即“大小一致，老嫩一致，长短一致”，每500克鲜叶，嫩芽数在3000个以上。黄山银毫的制作，包括手工拣剔、杀青、揉捻、整形与提毫、烘焙干燥、拣剔与包装等工序。

茶叶特点

外形：外形成条，墨绿油润。

气味：带有一种持久的清高气味。

手感：油润柔软。

香气：馥郁持久。

汤色：明净透亮。

口感：回味甘甜。

叶底：明净柔软。

功效

1. 抗衰老：黄山银毫茶叶中含有的茶多酚有很好的抗氧化作用，对保护皮肤、抚平细纹等有很好的功效，因此常饮有益。

2. 减肥：黄山银毫茶叶中含茶多酚、氨基酸等，可帮助分解脂肪、减肥。

冲泡

【茶具】盖碗1个。

【方法】

1. 冲泡：盖碗中冲入80℃左右的水至七分满，将准备好的3克黄山银毫茶叶快速放进，加盖摇动茶碗。

2. 品茶：茶叶在盖碗内徐徐伸展，汤色明净透亮，香气馥郁，叶底明净柔软，回味无穷。

烘青绿茶 | 天柱剑毫

产地：安徽省潜山市天柱山

天柱剑毫因其外形扁平如宝剑而得名，以其优异的品质、独特的风格、峻峭的外表已跻身于全国名茶之列，在 1985 年全国名茶展评会上被评定为全国名茶之一。每年谷雨前后，茶农就开始采摘新茶，由于均选用“一芽一叶”，因而产量有限，所以极为珍贵。

茶叶特点

外形：扁平挺直，翠绿显毫。

气味：清幽。

手感：平直匀整。

香气：清雅持久。

汤色：碧绿明亮。

口感：鲜醇回甘。

叶底：匀整嫩鲜。

功效

1. 消食解腻：天柱剑毫内含多酚类、氨基酸等有益成分，有助于消食解腻。

2. 利尿补肾：茶中的咖啡碱可刺激肾脏，促使尿液迅速排出体外，提高肾脏的滤过率。

冲泡

【茶具】盖碗 1 个。

【方法】

1. 冲泡：将 4 克天柱剑毫茶叶拨入盖碗中，再往盖碗中冲入 75~85℃的水。
2. 品茶：2 分钟后即可品饮，过喉鲜爽，口留余香，回味甘甜，有提神作用。

烘青绿茶 | 南岳云雾茶

产地：湖南省中部的南岳衡山

南岳云雾茶产于湖南省中部的南岳衡山。这里终年云雾缭绕，茶树生长茂盛。南岳云雾茶造型优美，香味浓郁甘醇，久享盛名，早在唐代就已被列为贡品。南岳云雾茶的加工工艺分为杀青、清风、初揉、初干、整形、提毫、摊凉和烘焙八道工序。

茶叶特点

外形：条索紧细，绿润有光泽。

气味：浓郁的清香，甜润醉人。

手感：细薄松软。

香气：清香浓郁。

汤色：嫩绿明亮。

口感：甘醇爽口。

叶底：清澈明亮。

功效

防癌、降低辐射伤害：南岳云雾茶中的茶多酚可以阻断亚硝酸胺等多种致癌物质在体内合成，有利于提高机体免疫力。同时，茶多酚及其氧化产物具有吸收放射性物质锶 -90 和钴 -60 毒害的能力。

冲泡

【茶具】玻璃杯或盖碗 1 个。

【方法】

1. **温杯：**将热水倒入玻璃杯或盖碗中进行温杯，而后弃水不用。
2. **冲泡：**冲入 80℃左右的水至七分满，用茶匙将 3 克南岳云雾茶茶叶从茶荷拨入玻璃杯或盖碗中。
3. **品茶：**片刻后即可出汤品饮，甘醇爽口，清香浓郁。

烘青绿茶 桂林毛尖

产地：广西桂林尧山地带

桂林毛尖为绿茶类新创名茶，20 世纪 80 年代初创制成功。毛尖茶原产于桂林尧山脚下的广西桂林茶叶科研所。该茶滋味醇厚鲜爽，外形秀挺，白毫显露，色泽翠绿，香高持久，味醇甘爽，令人心旷神怡。在泰国曼谷举行的“1993 年中国优质农产品及科技成果展览会”中获金奖。

茶叶特点

外形：条索紧细，翠绿光润。

气味：清高，略沾染了杜鹃花之香气。

手感：嫩匀紧细，有茸毛感。

香气：清高持久。

汤色：碧绿清澈。

口感：醇和鲜爽。

叶底：嫩绿明亮。

功效

1. 保持健康：桂林毛尖茶汤中阳离子含量较多而阴离子较少，可帮助体液维持碱性，有利于保持身体健康。

2. 降低血压：桂林毛尖茶能降低胆固醇及低密度脂蛋白含量以控制血压。

冲泡

【茶具】玻璃杯或盖碗 1 个。

【方法】

1. 冲泡：拨入 5 克桂林毛尖茶叶至玻璃杯后，冲入温度 80℃左右的水至七分满即可。

2. 品茶：片刻后即可品饮，茶汤醇和鲜爽，嫩香持久。桂林毛尖茶喝到杯中尚余 1/3 左右茶汤时，可加开水，通常以冲泡 3 次为宜。

炒青绿茶 | 天山绿茶

产地：福建省天山

天山绿茶为福建烘青绿茶中的极品名茶，原产于西乡天山冈下章后的中天山、铁坪坑和际头的梨坪村。品质特优，尤其是里、中、外天山所产的绿茶品质更佳，称之“正天山绿茶”。天山绿茶素以“三绿”著称，即色泽翠绿，汤色碧绿，叶底嫩绿。该茶很耐冲泡，泡饮三四次后，余香犹存。

茶叶特点

外形：条索紧细，色泽翠绿。

气味：带有淡淡的珠兰花香。

手感：有茸毛感。

香气：清雅持久。

汤色：清澈明亮。

口感：浓厚回甘。

叶底：叶底嫩绿。

功效

1. 防癌抗癌：天山绿茶中的茶多酚、儿茶素等成分具有非常好的杀菌作用，能抑制血管老化，可以降低癌症的发生率。

2. 提神健脑：天山绿茶所含的咖啡因可让人活力十足，有助于提神健脑。

冲泡

【茶具】玻璃杯或盖碗 1 个。

【方法】

1. 冲水：玻璃杯或盖碗中冲入 85℃左右的水至七分满即可。
2. 投茶：放入 3 克天山绿茶茶叶后，摇动玻璃杯或盖碗。
3. 品茶：片刻后即可品饮，入口幽香四溢，齿颊留芳，令人心旷神怡。

炒青绿茶 | 西乡炒青

产地：陕西省西乡县

西乡炒青是产自陕西的一种半烘炒绿茶，其制作过程一般经过杀青、分青、揉捻、烘焙和入锅炒制五个步骤。茶叶一芽一叶时即可采摘，此时茶因多酚类物质含量较高而味道浓醇，糖类芳香油使茶香持久浓郁，而氨基酸则令其口感甘爽。

茶叶特点

外形：条索匀整，墨绿油润。

气味：浓郁持久。

手感：紧直。

香气：鲜爽香醇。

汤色：黄绿明亮。

口感：涩中泛甜。

叶底：芽叶成朵。

功效

1. 强身健体：西乡炒青茶中含有维持人体生理系统正常运行的硒、锌等微量元素，经常饮用可提高人体免疫力，强身健体。

2. 延缓衰老：西乡炒青属绿茶，其中含有抗氧化的成分，有助于延缓衰老。

冲泡

【茶具】茶壶、品茗杯各 1 个。

【方法】

1. 冲泡：将 4 克西乡炒青茶叶拨入茶壶中，冲入 80℃左右的水至七分满即可。

2. 品茶：约 40 秒后即可出汤，将茶汤倒入品茗杯中，入口清爽回甘。

晒青绿茶 紫阳毛尖

产地：陕西省紫阳县

紫阳毛尖产于陕西汉江上游、大巴山麓的紫阳县近山峡谷地区，系历史名茶。紫阳毛尖所用的鲜叶，采自绿茶良种紫阳种和紫阳大叶泡，茶芽肥壮，茸毛多。紫阳毛尖加工工艺分为杀青、初揉、炒坯、复揉、初烘、理条、复烘、提毫、足干、焙香十道工序。

茶叶特点

外形：条索圆紧，翠绿显毫。

气味：嫩香清爽。

手感：紧致重实，有茸毛感。

香气：嫩香持久。

汤色：嫩绿清亮。

口感：鲜爽回甘。

叶底：嫩绿明亮。

功效

1. 降糖降脂：紫阳毛尖富含硒元素，适时饮用可延缓衰老，降脂、降糖。

2. 保护口腔：紫阳毛尖茶中含有氟和儿茶素，可以抑制生龋菌的生长，减少牙菌斑，预防牙周炎的发生，还可预防牙龈出血，杀灭口腔细菌，保护口腔。

冲泡

【茶具】玻璃杯或盖碗 1 个。

【方法】

1. 冲泡：玻璃杯或盖碗中放入 5 克紫阳毛尖茶叶，冲入 85℃左右的水至七分满。

2. 品茶：片刻后即可品饮，入口鲜爽回甜。品用紫阳毛尖茶至少要过三道水，才能品出真味。初品，会觉得味较淡，有小苦；再品，苦中含香，味极浓郁。

炒青绿茶 | 崂山绿茶

产地：山东省青岛市崂山区

崂山绿茶是山东青岛崂山地区的产品，因茶叶中带有独特的豆香而备受青睐。崂山绿茶与日照绿茶有相似之处，也有春夏秋茶之分。而不同的是，崂山绿茶作为“南茶北引”的先例，茶叶产量较低。

茶叶特点

外形：叶片大厚，表露白毫。

气味：带有浓郁的豌豆香。

手感：比较粗糙。

香气：清而不腻。

汤色：绿中带黄。

口感：不苦不涩。

叶底：芽叶完整。

功效

1. 抗衰老：崂山绿茶对人体的抗衰老作用主要体现在能够提高免疫力，从而起到抗衰老的作用。

2. 降脂减肥：常饮此茶能降低血液中的血脂及胆固醇水平，还能帮助消化。

冲泡

【茶具】玻璃杯或者白瓷杯 1 个。

【方法】

1. 冲泡：控制茶与水的比例，一杯茶投入 3~5 克崂山绿茶，倒入 85℃左右的水冲泡。可以采用上投法冲泡崂山绿茶。

2. 品茶：崂山绿茶喝完以后可以续杯，宜在茶水喝到一半时续，一杯茶冲泡三四次左右，茶香最好。

炒青绿茶

日照绿茶

产地：山东省日照市

日照绿茶被誉为“中国绿茶新贵”，集汤色黄丽、栗香浓郁、回味甘醇等优点于一身。日照绿茶具备中国南方茶所不具备的北方特色，因北方昼夜温差大，茶叶的生长十分缓慢，但香气高、滋味浓、叶片厚、耐冲泡，素称“北方第一茶”，属绿茶中的皇者。

茶叶特点

外形：条索细紧，翠绿墨绿。

气味：香气较高。

手感：均匀细紧。

香气：清高馥郁。

汤色：黄绿明亮。

口感：味醇回甜。

叶底：均匀明亮。

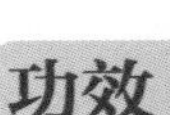

功效

1. 养心保健：日照绿茶中富含维生素，常饮能够预防心脑血管疾病。

2. 抗辐射：日照绿茶中富含茶多酚和脂多糖等成分，有利于长期使用电脑工作者抵御辐射。

冲泡

【茶具】白瓷盖碗或玻璃杯 1 个。

【方法】

1. **投茶：**取茶入盖碗或玻璃杯，倒入开水，来回摇动数次后过滤出来。
2. **冲泡：**往盖碗或玻璃杯中冲入 80℃左右的水，至八分满。
3. **品茶：**约 2 分钟后即可出汤，闻其香品其韵，日照绿茶的馥郁久久在舌尖上萦绕。

炒青绿茶 竹叶青

产地：四川省峨眉山

峨眉竹叶青于1964年由陈毅命名，此后开始批量生产。四川峨眉山产茶历史悠久，宋代苏东坡题诗赞曰："我今贫病长苦饥，盼无玉腕捧峨眉。"竹叶青茶采用的鲜叶十分细嫩，加工工艺十分精细。竹叶青茶扁平光滑，色翠绿，是形质兼优的礼品茶。

茶叶特点

外形：形似竹叶，嫩绿油润。

气味：芳香明清。

手感：细嫩光滑。

香气：高香馥郁。

汤色：黄绿明亮。

口感：香浓味爽。

叶底：嫩绿匀整。

功效

1. 排毒减肥：竹叶青茶中含有的咖啡碱、肌醇、叶酸等多种成分，能有效调节脂肪代谢。

2. 抑制癌细胞：竹叶青茶中的黄酮类物质有不同程度的体外抗癌作用。

冲泡

【茶具】玻璃杯或盖碗1个。

【方法】

1. 冲泡：取3克峨眉竹叶青投入玻璃杯或盖碗中，再冲入80℃左右的水，至七分满即可。

2. 品茶：3分钟后即可品饮，入口鲜嫩醇爽，是解暑佳品。

炒青绿茶 | 峨眉毛峰

产地：四川省雅安市凤鸣乡

峨眉毛峰产于四川省雅安市凤鸣乡，原名凤鸡毛峰，现改为峨眉毛峰，是近年来新创制的蒙山地区名茶新秀。峨眉毛峰继承了当地传统名茶的制作方法，引用现代技术，采取烘炒结合的工艺，炒、揉、烘交替，扬烘青之长，避炒青之短，研究成独具一格的峨眉毛峰制作技术。

茶叶特点

外形：条索紧卷，嫩绿油润。

气味：鲜洁，略带少许清幽气味。

手感：卷实，稍有茸毛感。

香气：鲜洁清高。

汤色：微黄而碧。

口感：浓爽回甘。

叶底：嫩绿匀整。

功效

1. 提神醒脑：经常饮用峨眉毛峰茶具有消除疲劳、提神醒脑的作用，上班一族经常饮用还能帮助提高工作效率。

2. 消脂排毒：峨眉毛峰中含有咖啡碱，适当饮用，有助于消脂、排毒。

冲泡

【茶具】玻璃杯或盖碗 1 个。

【方法】

1. **投茶：**将 5 克峨眉毛峰茶叶投入玻璃杯或盖碗中。
2. **冲泡：**往杯中冲入 80℃左右的水，七分满即可。
3. **品茶：**滋味浓爽，有天然的香气，品饮后令人神清气爽，久久回味。

炒青绿茶 峨眉山峨蕊

产地：四川省峨眉山

唐代有“峨山多药草，茶尤好，异于天下”一说。峨眉山峨蕊主要产于黑水寺、万年寺、龙门洞一带，以香气馥郁著称，是高山优质茶的经典茶种，经过岁月沧桑后，峨蕊茶香飘千里，久享盛誉，产品畅销国内外。

茶叶特点

外形：紧秀匀卷，嫩绿鲜润。

气味：嫩鲜的气味中夹杂着芳香。

手感：匀卷状，手感稍松柔。

香气：清香馥郁。

汤色：碧绿清澈。

口感：鲜爽生津。

叶底：嫩芽明亮。

功效

1. 益气健脾：峨蕊香高气爽，常饮此茶可精神爽朗，有益气健脾之功效。

2. 消脂减肥：峨蕊茶中的茶多酚和维生素 C 能降低胆固醇和血脂水平，适当饮用此茶，能起到消脂减肥作用。

冲泡

【茶具】盖碗 1 个。

【方法】

1. 冲泡：先往盖碗中冲入开水，再放 4 克峨眉山峨蕊茶叶，水温保持 70~80℃。

2. 品茶：饮其味，头酌色淡，幽香；二酌翠绿，芬芳；三酌碧青，回甘。

炒青绿茶 云南玉针

产地：云南

云南玉针，又名青针，为新创制茶，因条索纤细尖翘，形似玉针故得名，又因产于云南，又叫云绿，具有色泽绿润、条索肥实、回味甘甜、饮后回味悠长的特点。因为有生津解热、止渴润喉的作用，所以特别适合夏季饮用，令人感觉凉爽舒适。

茶叶特点

外形：挺秀光滑，显毫翠润。

气味：鲜爽悠香。

手感：细长均匀，光滑。

香气：高爽持久。

汤色：汤色清丽。

口感：鲜爽回甘。

叶底：匀整嫩绿。

功效

1. **保健强身：**云南玉针具备预防疾病、抗癌、防辐射、防衰老等作用。
2. **消暑止渴：**云南玉针有生津解热、润喉止渴的作用，盛夏饮用备感凉爽。
3. **消食祛痰：**云南玉针有消食利尿、治喘、祛痰、除烦去腻等功效。

冲泡

【茶具】玻璃杯 1 个。

【方法】

1. **投茶：**玻璃杯中投入 4 克云南玉针茶叶，也可根据品茶习惯加减投量。
2. **冲泡：**将 80℃左右的水倒入杯中至八分满，静待 1~2 分钟。
3. **品茶：**入口鲜爽回甘，芬芳馥郁。

炒青绿茶 | 都匀毛尖

产地：贵州省都匀市

都匀毛尖由毛泽东主席于 1956 年亲笔命名，又名白毛尖、细毛尖、鱼钩茶、雀舌茶，是贵州三大名茶之一。色、香、味、形均有独特个性，形可与太湖碧螺春并提，质能够同信阳毛尖媲美。著名茶界前辈庄晚芳先生曾经写诗赞曰："雪芽芳香都匀生，不亚龙井碧螺春。饮罢浮花清爽味，心旷神怡功关灵！"

茶叶特点

外形：条索卷曲，翠绿油润。

气味：高雅清新，气味纯嫩。

手感：卷曲不平，短粗。

香气：清高幼嫩。

汤色：清澈明亮。

口感：鲜爽回甘。

叶底：叶底明亮。

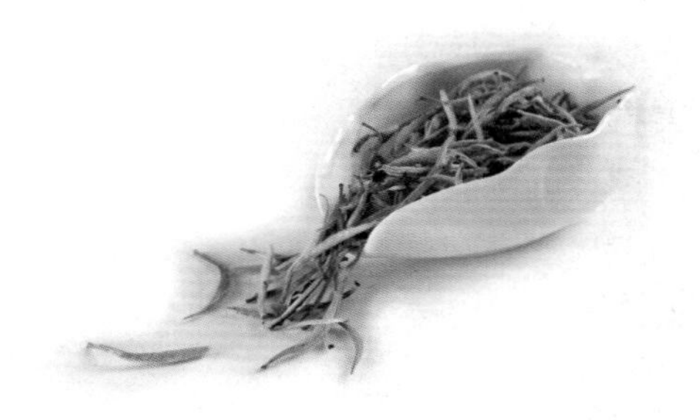

功效

1. 排毒养颜：都匀毛尖具有净化人体消化器官的作用，具有排毒养颜之效。

2. 防癌抗癌：由于都匀毛尖茶叶中抗氧化组合提取物 GAT 有抑制黄曲霉素、苯并芘等致癌物质的突变作用，故能有效抑制肿瘤转移。

冲泡

【茶具】玻璃杯 1 个。

【方法】

1. **冲泡：**将 5 克都匀毛尖茶叶放入玻璃杯中，冲入 80℃左右的水至七分满。
2. **品茶：**片刻后即可品饮，入口回味甘香。

炒青绿茶 | 遵义毛峰

产地：贵州省遵义市湄潭县

遵义毛峰茶，是绿茶类新创名茶，是为纪念著名的遵义会议，于 1974 年而创制，于每年清明节前后 10~15 天采摘，经过杀青、揉捻、干燥三道工序制成。因炒制工艺有独到之处，自 1978 年外运展销以来，深受国内外人士赞赏，是宾客往来和旅游待客、馈赠礼物之佳品。

茶叶特点

外形： 紧细圆直，翠绿油润。

气味： 清香鲜润。

手感： 柔韧。

香气： 清香幽雅。

汤色： 碧绿明净。

口感： 清醇爽口。

叶底： 成朵匀齐。

功效

1. 抗衰老： 遵义毛峰中含有自由基清除剂 SOD，能有效清除过剩自由基。

2. 抗菌排毒： 遵义毛峰中的儿茶素对引起人体致病的部分细菌有抑制效果，同时又不致伤害肠内有益菌的繁衍，因此具备清肠排毒的功能。

冲泡

【茶具】玻璃杯 1 个。

【方法】

1. 冲泡：将 4 克遵义毛峰茶叶拨入玻璃杯中，冲入 80℃左右的水至七分满。
2. 品茶：入口清醇爽口，令人回味无穷。

炒青绿茶 绿宝石

产地：贵州省遵义市

绿宝石茶是绿茶中的名品，主要产于贵州省黔中茶区阿哈湖畔的高山上。这里生态环境良好，土壤为黄壤，深厚肥沃，林木茂盛，再加上湖水的调节使气候湿润，种植的茶树高产并且优质。此茶品质独特，如同宝石一样高贵，所以取名“绿宝石”。除此之外，绿宝石的加工技术十分独特，为贵州十大名茶之一。

茶叶特点

外形：紧结圆润，绿润光亮。

气味：醇香。

手感：圆润丰满。

香气：清香持久。

汤色：清澈明亮。

口感：鲜醇回甘。

叶底：鲜活完整。

功效

1. 预防肿瘤：绿宝石中的茶多酚、儿茶素等成分具有非常好的杀菌作用，能抑制血管老化，可以降低肿瘤的发生率。

2. 益思健脑：绿宝石含的咖啡碱会让人活力十足，使头脑清醒、思维活跃。

冲泡

【茶具】盖碗 1 个。

【方法】

1. 冲泡：将 6 克绿宝石茶叶拨入盖碗中，冲入 80℃左右的水至七分满。

2. 品茶：2 分钟后即可品饮，入口鲜醇回甘，沁人心脾，疲惫时饮用具有提神醒脑之效。

炒青绿茶 | 蒙顶银针

产地：四川境内的蒙顶山

四川蒙顶银针茶是古时只有皇帝、达官贵人才能有幸一品的贡茶，现已逐渐被寻常百姓家所知晓。明代著名医学家李时珍在《本草纲目》中提及“真茶性冷，惟雅州蒙顶山出者温而主祛疾”，这表明了蒙顶银针是唯一中性茶这一独特功效。加之蒙顶银针嫩润可口，常饮此茶，对人体健康大有裨益。

茶叶特点

外形：芽头茁壮，色黄而碧。

气味：淡雅，带有少许的馨香。

手感：厚实平滑。

香气：味甘而清。

汤色：橙黄鲜亮。

口感：甘醇爽口。

叶底：嫩黄明亮。

功效

1. 预防食管癌：蒙顶银针茶中所含物质丰富，如茶多酚、氨基酸、可溶糖、维生素等，对防治食管癌有明显功效。

2. 缓解疲劳：酷暑天喝杯蒙顶银针，有消暑止渴、安神、缓解疲劳的作用。

冲泡

【茶具】白瓷杯或玻璃杯 1 个。

【方法】

1. 冲泡：取 5 克蒙顶银针茶叶，用 80℃左右的水冲泡。
2. 赏茶：茶叶在杯子中一根根直立起，踊跃上冲，悬空竖立。
3. 品茶：小口品尝茶汤滋味，齿颊留芳，沁人肺腑。

红茶

红茶的鼻祖在中国，世界上最早的红茶由中国福建武夷山茶区的茶农发明，名为“正山小种”。红茶属于全发酵茶类，是以茶树的芽叶为原料，经过萎凋、揉捻（切）、发酵、干燥等典型工艺过程精制而成。因其干茶色泽和冲泡的茶汤以红色为主调，故名红茶。红茶的种类较多，产地较广。

红茶的分类

◎小种红茶

小种红茶是福建省的特产，小种红茶中最知名的当数正山小种。

◎工夫红茶

工夫红茶由小种红茶演变而来，较著名的品种有滇红工夫、祁门工夫红茶。

◎红碎茶

红碎茶是国际茶叶市场的大宗产品，包括滇红碎茶、南川红碎茶等品种。

◎混合茶

混合茶通常是指茶和茶的混合，是将不同品种的红茶搭配制成的。

◎调味茶

调味茶通常是在红茶中混入水果、花、香草等香味制成的。

红茶的冲泡

1 茶具的选用

品饮红茶最适合用白色瓷杯或瓷壶冲泡，条件允许的情况下使用骨瓷茶具最佳。

2 水温控制

红茶适合用沸水冲泡，最适宜水温是95~100℃。水温如果太高则不利于及时散热，容易将茶汤闷得泛黄而口感苦涩。

3 置茶量

红茶冲泡时的茶叶与水的比例与绿茶类似，约为1:50，即1克茶叶需要50毫升水。

4 冲泡方法

● **按茶汤调味分**

按照红茶出茶汤后调味与否，可将红茶的冲泡方法分为清饮法和调饮法两种。清饮法是指将红茶茶叶放入茶壶中，加沸水冲泡，再将茶汤注入茶杯中品饮，不在茶汤中加任何调味品。调饮法是指在泡好的茶汤中加糖、牛奶、蜂蜜等调味。

● 按花色品种分

按红茶花色品种的不同，红茶的冲泡方法大体可分为工夫红茶冲泡法和快速红茶冲泡法两种。工夫红茶冲泡法是采用中国传统的工夫红茶冲泡方法，如正山工夫小种、祁门工夫等注重外形、内质、滋味的品种多用冲泡法。快速红茶冲泡法操作起来则较简单，主要针对红碎茶、袋泡红茶、速溶红茶等红茶品种。

● 按冲泡茶具分

按冲泡红茶时使用茶具的不同，可将红茶的冲泡方法分为杯饮法和壶饮法两种。

5 冲泡时间

不同品种的红茶冲泡时间不同。原则上，细嫩茶叶的冲泡时间约 2 分钟，大叶茶约 3 分钟，袋装红茶只需 40~90 秒。

6 适时续水

最佳的续水时间是在茶汤剩下 1/3 的量时，此时续水，既不会稀释茶叶，也可以保持茶的温度和深度。

红茶的贮藏

红茶的贮藏以干燥、低温、避光的环境为最佳，家庭贮藏主要有铁罐贮藏法和冰箱贮藏法。铁罐贮藏法：将干燥的茶叶放入铁罐中，再加盖进行密闭处理。冰箱贮藏法：只需将茶叶放入容器中，密封后再放入冰箱内（5℃以下）即可。

工夫红茶 | 九曲红梅

产地：浙江省杭州市西湖区双浦镇

九曲红梅简称“九曲红”，因色红香清如红梅，故称九曲红梅，是杭州西湖区另一大传统拳头产品，是红茶中的珍品。九曲红梅茶产于西湖区双浦镇的湖埠、上堡、大岭、张余、冯家、灵山、社井、仁桥、上阳、下阳一带，尤以湖埠大坞山所产的品质最佳。

茶叶特点

外形：弯曲如钩，乌黑油润。

气味：高长而带松烟香般的气味。

手感：条索疏松。

香气：香气芬馥。

汤色：红艳明亮。

口感：浓郁回甘。

叶底：红艳成朵。

功效

1. 提神消疲：经医学实验发现，九曲红梅茶中的咖啡碱可提神，有利于提高注意力，增强记忆力。

2. 生津清热：茶中的多酚类与口涎产生化学反应，能产生清凉感，可止渴。

冲泡

【茶具】盖碗、茶匙、茶荷各 1 个，品茗杯 3 个。

【方法】

1. 温杯：将热水倒入盖碗中进行温杯，而后弃水不用。

2. 冲泡：用茶匙将 3 克茶叶从茶荷拨入盖碗中，然后用开水冲泡即可。

3. 品茶：3 分钟后即可将茶汤倒入品茗杯中品尝，入口浓郁回甘，香气馥郁 。

小种红茶 | 金骏眉

产地：福建省武夷山市

金骏眉，于 2005 年由福建武夷山正山茶业首创研发，是在正山小种红茶传统工艺的基础上，采用创新工艺研发的高端红茶。该茶茶青为野生茶芽尖，摘于武夷山国家级自然保护区内海拔 1200~1800 米高山的原生态野茶树，是一种可遇不可求的茶中珍品。

茶叶特点

外形：圆而挺直，金黄油润。

气味：带有复合型的花果香。

手感：重实。

香气：清香悠长。

汤色：金黄清澈。

口感：甘甜爽滑。

叶底：呈金针状。

功效

1. 抑制动脉硬化：金骏眉茶叶中的茶多酚和维生素 C 有活血化瘀、预防动脉硬化的作用。

2. 减肥: 金骏眉茶中的咖啡碱、叶酸等化合物，对蛋白质和脂肪有分解作用。

冲泡

【茶具】陶瓷茶壶、茶匙、茶荷、茶杯各 1 个。

【方法】

1. **温杯：**将热水倒入茶壶中进行温杯，而后弃水不用。
2. **冲泡：**用茶匙将 3 克左右的金骏眉茶叶从茶荷拨入茶壶中，再冲入 95℃左右的水至八分满。
3. **品茶：**片刻后即可出汤，倒入茶杯中品饮，入口甘甜爽滑。

小种红茶 | 正山小种

产地：福建省武夷山市

正山小种红茶，又称拉普山小种，是世界红茶的鼻祖，是最古老的一种红茶。茶叶是用松针或松柴熏制而成，有非常浓烈的香味。因为经过熏制，茶叶呈黑色，但茶汤为深红色。正山小种产地在福建省武夷山市，受原产地保护。

茶叶特点

外形：紧结匀整，铁青带褐。

气味：带有天然花香。

手感：油润。

香气：细而含蓄。

汤色：橙黄清明。

口感：味醇厚甘。

叶底：肥软红亮。

功效

1. 解毒功效：正山小种红茶中的茶多碱能吸附人体中的重金属和生物碱，并沉淀分解，这对饮水和食品受到工业污染的现代人而言，不啻是一种福音。

2. 抗肿瘤：研究发现，正山小种红茶同绿茶一样，有抗肿瘤功效。

冲泡

【茶具】陶瓷茶壶、茶匙、茶荷、品茗杯各 1 个。

【方法】

1. 温杯：将适量的热水倒入茶壶中进行温杯，而后弃水不用。

2. 冲泡：用茶匙将 3 克正山小种茶叶从茶荷拨入茶壶中，再冲入 95℃左右的水即可。

3. 品茶：片刻后即可出汤，倒入品茗杯中品饮，入口味醇厚甘。

工夫红茶 | 越红工夫

产地：浙江省绍兴市

越红工夫是浙江省出产的工夫红茶，以条索紧结挺直、重实匀齐、锋苗显、净度高的优美外形著称。越红毫色呈银白或灰白。浦江一带所产的红茶香气较浓，滋味也比较浓一些，镇海红茶较细嫩。总的来说，越红条索虽美观，但叶张较薄，气味较差。

茶叶特点

外形：紧细挺直，乌黑油润。

气味：因叶张较薄，气味较差。

手感：紧实。

香气：香味纯正。

汤色：汤色红亮。

口感：醇和浓爽。

叶底：叶底稍暗。

功效

1. 养胃护胃：越红工夫是全发酵性茶叶，茶多酚在氧化酶的作用下发生酶促氧化反应，能够养胃、消炎，保护胃黏膜。

2. 抑制动脉硬化：越红工夫茶叶中的茶多酚和维生素 C 能防止动脉硬化。

冲泡

【茶具】盖碗 1 个，品茗杯 3 个。

【方法】

1. 温杯：将热水倒入盖碗中进行温杯，而后弃水不用。
2. 冲泡：取 3 克左右越红工夫茶，放入盖碗中，再冲入 95℃左右的水即可。
3. 品茶：片刻后即可品饮，滋味浓爽，香气纯正，有淡香草味。

工夫红茶 苏红工夫

产地：江苏省宜兴市

苏红工夫属红茶，因此也被称为“宜兴红茶”或“阳羡红茶”。宜兴产茶历史悠久，古代宜兴被称为“阳羡”，作为贡茶，陆羽首先推荐给唐朝宫廷的就是“阳羡茶”。苏红以槠叶和鸠坑两种茶树品种的鲜叶为原料，只加工成红条茶。

茶叶特点

外形：条索紧细，乌润光泽。

气味：鲜甜有果香。

手感：均匀光滑。

香气：甜醇甘香。

汤色：淡红明亮。

口感：深厚甘醇。

叶底：厚软红亮。

功效

1. 利尿：苏红工夫中的咖啡碱和芳香物质联合作用，能增加肾脏的血流量，提高肾小球滤过率，增加尿量。

2. 生津清热：苏红工夫茶中含有的多酚类、糖类等能滋润口腔，生津解热。

冲泡

【茶具】盖碗、品茗杯各 1 个。

【方法】

1. 温杯：将热水倒入盖碗中进行温杯，而后弃水不用。

2. 冲泡：取 3 克左右的苏红工夫茶叶拨入盖碗中，再冲入 95℃左右的水至七分满即可。

3. 品茶：将茶汤倒入品茗杯中，入口浓厚甘醇，回味无穷。

工夫红茶 | 宜兴红茶

产地：江苏省宜兴市

宜兴红茶，又称阳羡红茶，又因其兴盛于江南一带，故享有“国山茶”的美誉。宜兴红茶源远流长，唐朝时誉满天下，尤其是唐代有“茶仙”之称的卢仝曾有诗句云“天子未尝阳羡茶，百草不敢先开花”，当时将宜兴红茶文化推向了极致。

茶叶特点

外形：紧结秀丽，乌润显毫。

气味：隐显玉兰花香。

手感：匀细。

香气：清鲜纯正。

汤色：红艳鲜亮。

口感：鲜爽醇甜。

叶底：鲜嫩红匀。

功效

1. 预防疾病：经常用红茶漱口能预防由病毒引起的感冒以及其他疾病。

2. 增强抵抗力：红茶中的多酚类可抑制破坏骨细胞物质的活力，增强人体抵抗力。

冲泡

【茶具】紫砂壶 1 个，茶杯 3 个。

【方法】

1. 冲泡：将热水倒入壶中进行温杯，再冲入 95℃左右的水至七分满，然后将 3 克宜兴红茶快速放进紫砂壶中，加上盖子，再稍稍摇动。

2. 品茶：将茶汤倒入茶杯中，每次出汤都要倒尽，之后每次冲泡时间延长 5~10 秒，入口浓厚甜润。

工夫红茶 | 宁红工夫

产地：江西省修水县

修水古称定州，所产红茶取名宁红工夫茶，简称宁红。它属于红茶类，是我国最早的工夫红茶之一。在唐代时，修水县盛产茶叶，生产红茶则始于清朝道光年间，到 19 世纪中叶，宁州工夫红茶成为著名的红茶之一。1914 年，宁红工夫茶参加上海赛会，荣获“茶誉中华，价甲天下”的大匾。

茶叶特点

外形：紧结秀丽，乌黑油润。

气味：香醇持久。

手感：丰厚。

香气：香味持久。

汤色：红艳清亮。

口感：浓醇甜和。

叶底：红亮匀整。

功效

1. 提神消疲：宁红工夫茶中含有咖啡碱，可提神，消除疲劳。

2. 消炎杀菌：宁红工夫茶中的儿茶素类能与单细胞的细菌结合，使蛋白质凝固沉淀，借此抑制和消灭病原菌。

冲泡

【茶具】盖碗、茶匙、茶荷各 1 个，品茗杯数个。

【方法】

1. 冲泡：用茶匙从茶荷中将 3 克宁红工夫茶叶拨入盖碗中，再冲入 95℃左右的热水即可。

2. 品茶：2 分钟后即可将茶汤倒入品茗杯中，入口浓醇甜和，茶汤的滋味比较持久，夏季常饮可消暑提神。

工夫红茶 | 宜红工夫 |

产地：湖北省宜昌市

宜红工夫茶产于鄂西山区的鹤峰、长阳、恩施、宜昌等地，是湖北省宜昌、恩施两地区的主要土特产品之一。始于 19 世纪中叶，至今已有百余年历史。因其加工颇费工夫，所以称为“宜红工夫茶”。

茶叶特点

外形：紧细秀丽，乌黑显亮。

气味：甜纯清远。

手感：重实。

香气：栗香悠远。

汤色：红艳明亮。

口感：醇厚鲜爽。

叶底：红亮匀整。

功效

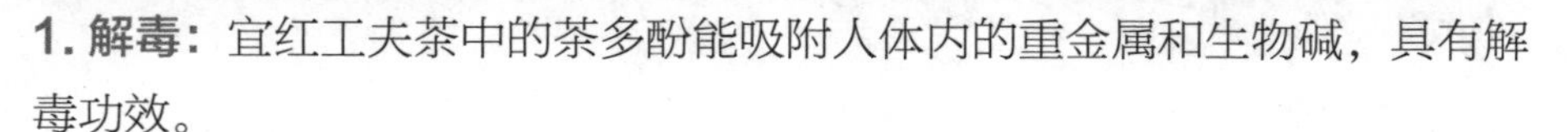

1. 解毒：宜红工夫茶中的茶多酚能吸附人体内的重金属和生物碱，具有解毒功效。

2. 强壮骨骼：红茶中的多酚类物质能抑制破坏骨细胞物质的活力，可帮助防治骨质疏松症。

冲泡

【茶具】茶壶、茶匙、茶荷各 1 个，品茗杯 1 个。

【方法】

1. 温杯：将热水倒入茶壶中进行温杯，而后弃水不用。

2. 冲泡：用茶匙将 3 克宜红工夫茶从茶荷拨入茶壶中，再冲入 95℃左右的水即可。

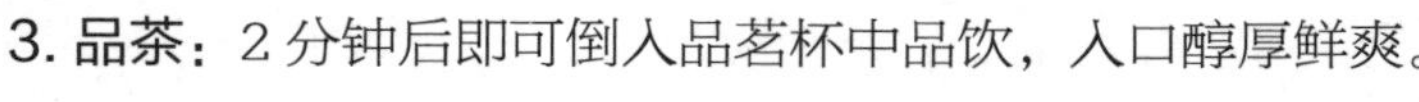

3. 品茶：2 分钟后即可倒入品茗杯中品饮，入口醇厚鲜爽。

工夫红茶 | 海红工夫

产地：海南省五指山和尖峰岭

海红工夫为海南大叶种茶，主要产自海南省五指山和尖峰岭一带。海南大叶种是海南的产茶原料中极重要的一种，以其为原料，再经过一系列工艺加工而成的海红工夫也逐渐发展成为海南的重要茶种之一。茶叶外形条索粗壮紧结，色泽乌黑油润，内质汤色红亮，香气高而持久。

茶叶特点

外形：粗壮紧结，乌黑油润。

气味：甜爽，具有蜜兰香味。

手感：匀整平滑。

香气：香高持久。

汤色：红艳明亮。

口感：浓强鲜爽。

叶底：红亮匀整。

功效

1. 抗衰老：海红工夫茶叶中含有的抗氧化剂能起到抵抗老化的作用。

2. 杀菌：海红工夫茶叶中含有的儿茶素，能对引起疾病的部分细菌起到抑制作用，同时又不会伤害到肠内有益菌的繁衍，有调节肠胃、除菌整肠的作用。

冲泡

【茶具】盖碗、茶匙、品茗杯各 1 个。

【方法】

1. 温杯：将热水倒入盖碗中进行温杯，而后弃水不用。

2. 冲泡：用茶匙取 3 克海红工夫茶叶倒入盖碗中，冲入 95℃左右的水至七分满。

3. 品茶：每次出汤都要倒尽，之后每次冲泡加 5~10 秒。入口浓强鲜爽。

工夫红茶 | 政和工夫

产地：福建省政和县

政和工夫茶为福建省三大工夫茶之一，亦为福建红茶中最具高山品种特色的条形茶。原产于福建北部，以政和县为主要产区。政和工夫以大茶为主体，扬其毫多味浓之优点，又适当拼以高香之小茶，因此高级政和工夫体态匀称、毫心显露、香味俱佳。

茶叶特点

外形：条索肥壮，乌黑油润。

气味：有一股颇似紫罗兰的香气。

手感：轻盈，质感较好。

香气：浓郁芬芳。

汤色：红艳明亮。

口感：醇厚甘爽。

叶底：红匀鲜亮。

功效

1. 利尿：政和工夫茶中的咖啡碱和芳香物质联合作用，能抑制肾小管对水的再吸收，增加尿量。

2. 扩张血管：心脏病患者常饮此茶可增加血管舒张度。

冲泡

【茶具】盖碗、茶荷、茶杯各 1 个。

【方法】

1. 温杯：将适量的热水倒入盖碗中进行温杯，弃水不用。

2. 冲泡：从茶荷中取约 3 克政和工夫茶叶倒入盖碗中，再冲入 95℃左右的水至八分满即可。

3. 品茶：片刻后即可倒入杯中品饮，入口醇厚回甘。

工夫红茶 | 川红工夫 |

产地：四川省宜宾市

川红工夫是中国三大高香红茶之一，是20世纪50年代创制的工夫红茶。川红工夫精选本土优秀茶树品种种植，以提采法甄选早春幼嫩饱满芽叶精制而成。顶级产品以金芽秀丽、香气馥郁、回味悠长为品质特征。川红之珍品“早白尖”更是以香气鲜嫩浓郁的品质特点获得了人们的高度赞誉。

茶叶特点

外形：肥壮圆紧，乌黑油润。

气味：清幽中带有橘糖香。

手感：光滑。

香气：清鲜。

汤色：浓亮鲜丽。

口感：醇厚鲜爽。

叶底：厚软红匀。

功效

1. 舒张血管：研究发现，心脏病患者每天喝川红工夫红茶，可以增加血管舒张度。

2. 消炎杀菌：川红工夫茶中的多酚类化合物具有消炎的功效。

冲泡

【茶具】透明茶壶、茶匙、茶荷、品茗杯各 1 个。

【方法】

1. 温杯：将热水倒入茶壶中进行温杯，而后弃水不用。

2. 冲泡：用茶匙将 3 克川红工夫茶叶从茶荷拨入茶壶中，再冲入 90℃左右的水即可。

3. 品茶：见茶叶徐徐伸展，汤色浓亮，香气清鲜，叶底厚软红匀，静待 3 分钟后倒入品茗杯中品饮，入口醇厚鲜爽。

红碎茶 | 信阳红茶

产地：河南省信阳市

信阳红茶，是以信阳毛尖绿茶为原料，选取其一芽二叶、一芽三叶优质嫩芽为茶坯，经过萎凋、揉捻、发酵、干燥等九道工序加工而成的一种茶叶新品。信阳红茶属于新派红茶，具有品类新、口味新、工艺新、原料新的特点，其保健功效也逐渐受到人们重视。

茶叶特点

外形：紧细匀整，乌黑油润。

气味：带有蜜糖香的气味。

手感：柔软均匀。

香气：醇厚持久。

汤色：红润透亮。

口感：绵甜厚重。

叶底：嫩匀柔软。

功效

1. 提神作用：此茶叶中含有的咖啡碱可兴奋神经中枢，具有提神醒脑、提高注意力的作用。

2. 保护骨骼：此茶叶中含有的多酚类化合物可对骨质疏松症起到很好的辅助治疗作用。

冲泡

【茶具】盖碗、茶杯各 1 个。

【方法】

1. 温杯：先将适量的热水倒入盖碗进行温杯，而后弃水不用。

2. 冲泡：取 5 克信阳红茶投入盖碗中，而后冲入 95℃左右的水至八分满，闷泡即可。

3. 品茶：将盖碗中的茶汤倒入茶杯中，入口绵甜厚重。

红碎茶

峨眉山红茶

产地：四川省峨眉山

峨眉山红茶是在绿茶的基础上以适宜的茶树新芽叶为原材料，经过凋萎、揉捻、发酵、干燥等工序精制而成。峨眉山红茶外形细紧，锋苗秀丽，棕褐油润，金毫显露，韵味悠扬，极其珍罕。峨眉山红茶具有健胃养胃的良好保健作用，日益被人们所重视。

茶叶特点

外形：金毫显露。

气味：清香高远。

手感：油润平滑。

香气：甜香浓郁。

汤色：汤色红亮。

口感：甘甜爽滑。

叶底：红润明亮。

功效

1. 温胃养胃：峨眉山红茶具有温胃养胃的作用，可去油腻、助消化，是老少皆宜的纯天然保健品。

2. 改善心血管功能：峨眉山红茶能够改善人体心血管系统功能，对健康有明显益处。

冲泡

【茶具】紫砂壶、茶杯。

【方法】

1. 温杯：将适量的沸水冲入壶内进行温杯，继而弃水不用。

2. 冲泡：取 5 克左右的峨眉山红茶茶叶倒入茶壶，冲入沸水，茶水的比例约为 1:50，冲泡 3~5 分钟。

3. 品茶：将茶汤倒入茶杯，入口甘甜爽滑，口感甚佳。

工夫红茶 | 滇红工夫

产地：云南省临沧市

滇红工夫茶创制于1939年，产于滇西南，属大叶种类型的工夫茶，是中国工夫红茶的新葩。滇红工夫茶以外形肥硕紧实、金毫显露和香高味浓的品质独树一帜，著称于世。该茶叶的多酚类化合物、生物碱等成分含量居于中国茶叶之首。

茶叶特点

外形： 紧直肥壮，乌黑油润。

气味： 气味馥郁。

手感： 油润光滑。

香气： 高醇持久。

汤色： 红浓透明。

口感： 浓厚鲜爽。

叶底： 红匀明亮。

功效

1. 利尿： 滇红工夫茶中的咖啡碱和芳香物质联合作用，可增加尿量，有利于排尿和缓解水肿。

2. 消炎： 滇红工夫茶中的多酚类化合物具有良好的消炎效果。

冲泡

【茶具】 茶壶、茶匙、茶荷、茶杯各1个。

【方法】

1. 温杯：将热水倒入茶壶中进行温杯，而后弃水不用。

2. 冲泡：用茶匙将3克滇红工夫茶叶从茶荷拨入茶壶中，再冲入100℃左右的水即可。

2. 品茶：片刻后即可出汤，将茶汤倒入茶杯中品饮，入口浓厚鲜爽。

工夫红茶 | 白琳工夫

产地：福建省福鼎县

白琳工夫是福鼎工夫红茶，以主产地福建省福鼎白琳命名，以高超的纯手工制作技艺和独特、优秀的品质，在海内外享有盛名。白琳工夫曾与福安县“坦洋工夫”、政和县“政和工夫”并列为“闽红三大工夫茶”而驰名中外。白琳工夫传承久远，是福鼎极其宝贵的非物质文化遗产。

茶叶特点

外形：细长弯曲，色泽黄黑。

气味：鲜纯而带有毫香。

手感：有颗粒绒球状，较光滑。

香气：鲜纯沁心。

汤色：浅亮艳丽。

口感：味清鲜甜。

叶底：鲜红带黄。

功效

1. 提神消疲：白琳工夫茶中的咖啡碱可刺激大脑皮质，兴奋神经中枢，消除疲劳，使思维反应更加敏锐，记忆力增强。

2. 消炎杀菌：此茶叶中的儿茶素类能与单细胞的细菌结合，使蛋白质凝固沉淀，有效抑制和消灭病原菌。

冲泡

【茶具】茶壶、茶杯各 1 个。

【方法】

1. 冲泡：取 3 克白琳工夫茶叶放入茶壶中，然后再冲入 95℃左右的水至七分满。

2. 品茶：3 分钟后即可将茶汤倒入杯中品饮，味道清鲜而带有些许甜，能够令人心情愉悦。

红砖茶　金丝红茶

产地：云南高原地区

金丝红茶又称金芽茶，叶大而有韧性。此茶大部分产于云南的高原地区，而且多含芽香油，是红茶之中带有独特香气的一种，滋味十分浓厚，耐泡是其一大特色。

茶叶特点

外形：条索紧结，乌润红褐。

气味：浓厚丰盈。

手感：粗糙不平。

香气：馥郁清高。

汤色：清澈透明。

口感：浓厚甘醇。

叶底：粗大尚红。

功效

1. 杀菌消炎：金丝红茶中含有大量的多酚类化合物，而这一类化合物具有杀菌消炎功效。

2. 益神提思：金丝红茶中含有的咖啡碱可提高人的注意力，帮助消除疲劳。

冲泡

【茶具】白瓷茶碗 1 个，品茗杯 1 个。

【方法】

1. 洗茶：把白瓷茶碗烫温，放入适量金丝红茶茶叶，先简单滤洗一遍。

2. 冲泡：滤洗一遍后把沸水冲入茶碗中。

3. 品茶：2 分钟后将茶汤倒入品茗杯中品饮，入口浓稠鲜美。

红砖茶 | 昭平红茶

产地：广西昭平县

昭平红茶是广西省昭平县有名的红茶新品种，经过不断完善产品加工工艺研制而成，为广西茶叶的发展开辟了一条新路径。茶叶外形条索紧细、卷曲成螺，颗粒匀整紧实，色泽乌润金灿，汤色红艳明亮，叶底红匀明亮，茶芽肥嫩匀整。

茶叶特点

外形：条索紧细，乌润金灿。

气味：清高持久。

手感：温润顺滑。

香气：醇厚清香。

汤色：红艳明亮。

口感：醇香馥郁。

叶底：红匀明亮。

功效

1. 提神消疲：昭平红茶中的咖啡碱可以刺激大脑皮质，兴奋神经中枢，起到提神、集中注意力的作用。

2. 解毒：此茶叶中的茶多碱能吸附体内的重金属和生物碱，有解毒的功效。

冲泡

【茶具】玻璃杯、茶匙、茶荷各 1 个。

【方法】

1. 温杯：将热水倒入玻璃杯中进行温杯，而后弃水不用。

2. 冲泡：用茶匙从茶荷中取 5 克昭平红茶茶叶拨入玻璃杯，冲入 95℃的水至八分满即可。

3. 品茶：入口醇香馥郁、甘纯爽滑，回味无穷。

黄茶

黄茶的名称由来：人们从炒青绿茶中发现，由于杀青、揉捻后干燥不足或不及时，叶色变黄，于是产生了新的茶类——黄茶。黄茶是轻度发酵茶，根据茶叶的嫩度和大小分为黄芽茶、黄大茶和黄小茶。主要产自安徽、湖南、四川、浙江等省，较有名的黄茶品种有莫干黄芽、霍山黄芽、君山银针、北港毛尖等。

黄茶的分类

◎黄芽茶

黄芽茶的茶芽最细嫩，是采摘春季萌发的单芽或幼嫩的一芽一叶，再经过加工制成的，香味鲜醇，幼芽色黄而多白毫，故名黄芽。最有名的黄芽茶品种有君山银针、蒙顶黄芽和霍山黄芽。

◎黄小芽

黄小芽对茶芽的要求不及黄芽茶的细嫩，但也秉承了细嫩、新鲜、匀齐、纯净的原则，采摘较为细嫩的芽叶进行加工，一芽一叶，条索细小。黄小茶主要品种有北港毛尖、沩山毛尖等。

◎黄大芽

黄大芽创制于明代隆庆年间，距今已有四百多年历史，是中国黄茶中产量最多的一类。黄大茶对茶芽的采摘要求较宽松，其鲜叶采摘要求大枝大秆，一般为一芽四五叶，长度为 10~13 厘米。

黄茶的冲泡

1 茶具的选用

冲泡黄茶的茶具选用与其他茶种相似，可以选择玻璃杯或者茶碗进行冲泡。选择玻璃杯更适合欣赏茶叶在冲泡过程中的变化，而选择茶碗则对冲泡工艺更讲究，更适合用于品尝茶汤的滋味。

2 水温控制

冲泡黄茶的水温需要控制在 90℃左右，可以更好地让黄茶溶于水中。

3 置茶量

冲泡黄茶时的置茶量宜控制在所选茶具的 1/4 左右，而茶水比例以 1:50 为宜，这样冲泡出来的茶汤既不会太浓，也不至于太淡，品饮的滋味更好。当然，具体的置茶量也可以根据个人喜好的口感进行适当调整。

4 冲泡方法

传统的黄茶冲泡方法：先清洁茶具，按置茶量放入茶叶，再按茶水比例先倒入一半水，浸泡黄茶茶叶约 1 分钟，再倒入另一半水；冲泡的时候提高水壶，让水自高而下冲，反复提举三次，有利于提高茶汤的品质。

简易的黄茶冲泡方法：取玻璃杯或白瓷杯，根据个人口味放入适量茶叶，冲入冷却至 90℃左右的少量沸水，泡 30 秒，再冲水至八分满，静置 2~3 分钟后即可饮用。一次茶叶最多可冲泡三四次茶汤。

5 冲泡时间

通常，黄茶第一泡的冲泡时间宜控制在 3 秒左右，但第一泡的茶水应倒掉，以去除黄茶中的杂质。接着再继续冲泡，时间可适当增加四五秒。

6 适时续水

茶水不必喝光，杯底留少许，再续水至七成满，冲泡时间可更长一些。

黄茶的贮藏

黄茶跟绿茶相比，其陈化变质的过程较慢，因此贮藏起来较方便。容器贮藏法：将黄茶放入干燥、无异味的容器内，隔绝空气加盖密封即可。冰箱贮藏法：将茶叶放入容器，密封后再放入冰箱内（5℃以下）即可。

黄芽茶 莫干黄芽

产地：浙江省德清县

莫干黄芽，又名横岭 1 号，为浙江省第一批省级名茶之一。德清县常年云雾笼罩，空气湿润，土质多酸性灰、黄壤，腐殖质丰富，为茶叶的生长提供了优越的环境。此茶属莫干云雾茶的上品，其品质特点是“黄叶黄汤”，这种黄色是制茶过程中进行闷堆渥黄的结果。

茶叶特点

外形：细如雀舌，黄嫩油润。

气味：清爽嫩香。

手感：细嫩光滑。

香气：清鲜幽雅。

汤色：嫩黄明亮。

口感：鲜美醇爽。

叶底：细嫩成朵。

功效

1. 祛除胃热：黄茶性微寒，适合于胃热者饮用。 莫干黄芽茶中的消化酶，有助于缓解消化不良、食欲不振。

2. 预防食管癌：莫干黄芽茶中的可溶性糖等，对预防食管癌有明显功效。

冲泡

【茶具】白瓷盖碗、茶匙、茶荷、茶杯各 1 个。

【方法】

1. 温杯：将热水倒入盖碗中进行温杯，而后弃水不用。

2. 冲泡：用茶匙将 3 克左右的茶叶从茶荷拨入盖碗中，再冲入开水。

3. 品茶：2 分钟后即可出汤，倒入茶杯中品饮，滋味醇爽，而且带有清鲜的香气。

黄芽茶 | 霍山黄芽

产地：安徽省霍山县

霍山黄芽产于安徽霍山大化坪金鸡山、漫水河金竹坪、上土市九宫山、单龙寺、磨子潭、胡家河等地。霍山黄芽源于唐朝之前。唐代李肇所撰的《国史补》曾把寿州霍山黄芽列为十四品目贡品名茶之一。霍山黄芽为不发酵自然茶，保留了鲜叶中的天然物质，富含茶多酚、维生素等多种有益成分。

茶叶特点

外形：形似雀舌，嫩绿披毫。

气味：清香持久。

手感：鲜嫩柔软。

香气：茶香浓郁。

汤色：黄绿清澈。

口感：鲜醇浓厚。

叶底：嫩黄明亮。

功效

1. 降脂减肥：此茶中的茶多酚可降低血脂，起到减肥降脂的作用。

2. 提高免疫力：此茶可提高白细胞、淋巴细胞的数量和活性，促进脾脏细胞中白细胞间素的形成，从而提高人体免疫力。

冲泡

【茶具】玻璃杯、茶匙、茶荷各 1 个。

【方法】

1. 冲泡：用茶匙将 4 克霍山黄芽茶叶从茶荷拨入玻璃杯中，冲入 80℃左右的水即可。

2. 品茶：片刻后，只见汤色黄绿清澈，香气清香持久，叶底嫩黄明亮，即可品饮。

黄芽茶

蒙顶黄芽

产地：四川省雅安市蒙顶山

蒙顶黄芽，属黄茶，为黄茶之极品。20 世纪 50 年代，蒙顶茶以黄芽为主，近来多产甘露，黄芽仍有生产。蒙顶黄芽采摘于春分时节，茶树上有 10% 的芽头鳞片展开，即可开园采摘。选圆肥单芽和一芽一叶初展的芽头，经复杂制作工艺，制成茶芽条匀整、扁平挺直的黄芽。

茶叶特点

外形： 扁平挺直，色泽黄润。

气味： 甜香怡人。

手感： 光滑平直。

香气： 甜香鲜嫩。

汤色： 黄中透碧。

口感： 甘醇鲜爽。

叶底： 全芽嫩黄。

功效

1. 护齿明目： 黄芽茶叶中含氟量较高，常饮此茶对护牙坚齿、防龋齿等有明显功效。

2. 抗衰老： 蒙顶黄芽中含有丰富的维生素 C 和类黄酮，能抗氧化、抗衰老。

冲泡

【茶具】 玻璃杯 1 个，茶匙 1 个。

【方法】

1. 冲泡：用茶匙将 3 克蒙顶黄芽茶叶拨入玻璃杯中，冲入 85℃左右的水即可。

2. 品茶：泡好的蒙顶黄芽汤色黄中透碧，香气甜香鲜嫩，叶底全芽嫩黄，入口甘醇鲜爽。

黄小芽 北港毛尖

产地：湖南省岳阳市北港

北港毛尖是条形黄茶的一种，在唐代有记载，清代乾隆年间已有名气。茶区气候温和，雨量充沛，形成了北港茶园得天独厚的自然环境。北港毛尖鲜叶一般在清明后五六天开园采摘，要求一号毛尖原料为一芽一叶，二号、三号毛尖为一芽二叶或一芽三叶。于1964年被评为湖南省优质名茶。

茶叶特点

外形：芽壮叶肥，呈金黄色。

气味：新茶香味明显。

手感：扁平光滑。

香气：香气清高。

汤色：汤色橙黄。

口感：甘甜醇厚。

叶底：嫩黄似朵。

功效

1. 抗御辐射：北港毛尖茶中含有防辐射的有效成分，包括茶多酚类化合物、脂多糖、维生素等，能够有效抗御辐射。

2. 抗衰老：北港毛尖茶中含有维生素C和类黄酮，能有效抗氧化和抗衰老。

冲泡

【茶具】玻璃杯、茶匙、茶荷各1个。

【方法】

1. 温杯：用适量开水温杯，而后弃水不用。

2. 冲泡：用茶匙将5克北港毛尖茶叶从茶荷拨入玻璃杯中，而后冲入85℃左右的水即可。

3. 品茶：等待2分钟左右，只见汤色橙黄，香气清高，叶底嫩黄似朵，入口滋味醇厚。

黄小芽 沩山毛尖

产地：湖南省宁乡市

沩山毛尖产于湖南省宁乡市，历史悠久。1941年《宁乡县志》载："沩山茶雨前采制，香嫩清醇，不让武夷、龙井。商品销甘肃、新疆等省，久获厚利，密印寺院内数株味尤佳。"沩山毛尖的制作分杀青、闷黄、轻揉、烘焙、拣剔、熏烟等六道工序。

茶叶特点

外形：叶缘微卷，肥硕多毫，黄亮油润。

气味：有特殊的松烟香。

手感：温润。

香气：芬芳浓厚。

汤色：橙黄明亮。

口感：醇甜爽口。

叶底：黄亮嫩匀。

功效

1. 抗衰老：沩山毛尖茶中含有茶多酚类化合物和脂多糖，能够起到抗氧化、抗衰老的作用。

2. 护齿明目：此茶含氟量较高，具有护齿明目的作用。

冲泡

【茶具】茶壶、茶匙、茶荷各1个，茶杯数个。

【方法】

1. 冲泡：用茶匙将3克左右的沩山毛尖茶叶从茶荷拨入茶壶中，然后倒入开水冲泡。

2. 品茶：等待2分钟左右，可以闻到冲泡后的茶香芬芳，将其倒入茶杯中品饮，醇甜爽口，令人回味无穷。

白茶

白茶属于轻微发酵茶，外观呈白色，因其成品茶多为芽头，满披白毫，如银似雪而得名，是我国茶类中的特殊珍品。白茶的制作包括萎凋、烘焙（或阴干）、拣剔、复火等工序，萎凋是形成白茶品质的关键工序。但现代白茶的制作工序一般只有萎凋、干燥两道工序。白茶主要产于福建省的福鼎、政和、建阳等地，著名的品种有白牡丹、寿眉等。

白茶的分类

◎白芽茶

白芽茶的外形芽毫完整，满身披毫，属于轻微发酵茶，主产自福建福鼎、政和两地，其典型代表有白毫银针。

◎白叶茶

白叶茶的特别之处则在于其自身带有的特殊花蕾香气，典型代表有白牡丹、贡眉、寿眉等。

白茶的冲泡

1 茶具的选用

白茶的冲泡较自由，可选用的茶具较多，有玻璃杯、盖碗、茶壶、瓷壶等。

2 水温控制

通常，冲泡白茶宜选择 90℃左右的开水来温杯、洗茶、泡茶。

3 置茶量

小容器冲泡，置茶量为 5~10 克；如果用较大容器冲泡，则置茶量为 10~15 克。

4 冲泡方法

白茶的冲泡方法可分为杯泡法、盖碗法、壶泡法、大壶法、煮饮法五种。

◎杯泡法

取玻璃杯一个，放入适量白茶，先注入少许 90℃左右开水洗茶温润，再注入剩余开水至玻璃杯八分满，稍温泡几秒即可品饮，可根据个人口感自由掌握置茶量。

◎ 盖碗法

取盖碗一个，放入白茶洗茶，再注入开水至溢出盖碗，静置 30~45 秒后即可出汤。

◎壶泡法

取紫砂壶一个，放入白茶洗茶，再注入开水洗茶，最后注入剩余开水至八分满即可。

◎大壶法

取大瓷壶一个，放入 10~15 克白茶茶叶，直接注入 90℃左右开水冲泡茶叶，静置 40 秒即可倒出茶汤品饮。

◎ 煮饮法

取煮水锅一个，倒入适量清水煮沸，再投入约 10 克的白茶茶叶，小火煮 3 分钟左右至出浓茶汤，待凉至 70℃即可品饮。

5 冲泡时间

白茶较耐冲泡，一般在冲泡入沸水 40 秒后，即可出汤品饮，具体可根据个人喜好，稍快或稍慢出汤。

6 适时续水

不需要等到茶杯中的茶汤都喝尽才续水，最佳的续水时间是在茶汤剩下 1/3 的量时，此时续水，既不会稀释茶叶，也可以保持茶的温度和深度。

白茶的贮藏

常见的贮藏方式有两种。冰箱贮藏法：将白茶用塑料袋或者陶瓷罐、铁罐装好，进行密封，之后将茶叶贮藏在冰箱冷藏室内（5℃以下）。生石灰贮藏法：将白茶茶叶用纸袋装好，放入容器内，再将生石灰用布袋包好，置于容器中，与茶叶同放，最后将容器进行密封处理，且远离异味即可。

白叶茶 | 白牡丹

产地：福建省政和、建阳、福鼎、松溪等地

白牡丹，产于福建省政和、建阳、福鼎、松溪等地，是中国福建历史名茶。采用福鼎大白茶、福鼎大毫茶为原料，经过传统工艺加工而成。白茶主要品种有白牡丹、白毫银针。因其形似花朵，冲泡后绿叶托着嫩芽，宛如蓓蕾初放，故得美名白牡丹茶。

茶叶特点

外形：叶张肥嫩。

气味：毫香鲜嫩持久。

手感：肥壮，有茸毛感。

香气：毫香浓显。

汤色：杏黄明净。

口感：鲜爽清甜。

叶底：叶底浅灰。

功效

1. 防辐射：白牡丹茶中含有防辐射物质，能减少辐射对人体的危害。

2. 明目：白牡丹茶中还含有丰富的维生素 A 原，它被人体吸收后，能迅速转化为维生素 A，可预防夜盲症与干眼病。

冲泡

【茶具】玻璃杯、茶匙、茶荷各 1 个。

【方法】

1. 温杯：将热水倒入玻璃杯中进行温杯，而后弃水不用。

2. 冲泡：用茶匙将 5 克茶叶从茶荷拨入玻璃杯中，再冲入 90℃左右的水即可。

3. 品茶：片刻后即可品饮，茶汤入口醇厚清甜，尤其适合夏季饮用。

白芽茶 | 白毫银针

产地：福建省福平市

白毫银针，简称银针，又叫白毫，产于福建省福平市政和县。素有茶中“美女”“茶王”之美称。由于鲜叶原料全部是茶芽，白毫银针制成成品茶后，形状似针，白毫密被，色白如银，因此命名为白毫银针。冲泡后，香气清鲜，滋味醇和，杯中茶叶的形态也使人情趣横生。

茶叶特点

外形：茶芽肥壮。

气味：清鲜温和。

手感：肥嫩光滑。

香气：毫香浓郁。

汤色：清澈晶亮。

口感：甘醇清鲜。

叶底：黄绿嫩匀。

功效

1. 治麻疹：白毫银针茶可防暑、解毒、治牙痛，尤其是陈年的白毫银针茶可用作患麻疹幼儿的退烧药，其退烧效果比抗生素更好。

2. 促进血糖平衡：白毫银针茶中含有人体所必需的活性酶，能促进血糖平衡。

冲泡

【茶具】玻璃杯、茶匙、茶荷各 1 个。

【方法】

1. 温杯：将热水倒入玻璃杯中进行温杯，而后弃水不用。

2. 冲泡：用茶匙将 5 克白毫银针茶叶从茶荷拨入玻璃杯中，而后冲入 90℃左右的水即可。

3. 品茶：稍等片刻后即可品饮，茶香浓郁，入口甘醇清鲜。

白叶茶 | 贡眉

产地：福建省南平市

贡眉，有时称作寿眉，产于福建省南平市建阳区。用茶芽叶制成的毛茶称为“小白”，以区别于福鼎大白茶、政和大白茶茶树芽叶制成的“大白”毛茶。茶芽曾用以制造白毫银针，其后改用大白制白毫银针和白牡丹，而小白则用以制造贡眉。一般以贡眉表示上品，质量优于寿眉。

茶叶特点

外形：形似扁眉。

气味：鲜纯。

手感：扁薄滑腻。

香气：香高清鲜。

汤色：绿而清澈。

口感：醇厚爽口。

叶底：嫩匀明亮。

功效

1. 明目：贡眉茶中含有丰富的维生素 A 原，可预防夜盲症与干眼病。

2. 防辐射：贡眉茶还含有防辐射物质，对人体的造血机能有显著的保护作用，能减少电磁辐射对人体的危害。

冲泡

【茶具】玻璃杯 1 个。

【方法】

1. 冲泡：将贡眉茶叶放入玻璃杯中，然后往杯中冲入 90℃左右的水即可。
2. 品茶：只见茶叶徐徐伸展，汤色绿而清澈，香气清鲜，叶底嫩匀明亮，片刻后即可品饮。

白芽茶 | 月光白

产地：云南省思茅地区

月光白，又名月光美人，它的形状奇异，一芽一叶，一面白，一面黑，表面绒白，叶芽显毫白亮，看上去犹如一轮弯弯的月亮，就像月光照在茶芽上，故此得名。月光白采用普洱古茶树的芽叶制作，因其采摘手法独特，且制作的工艺流程秘而不宣，因此更增添了几分神秘色彩。

茶叶特点

外形：弯弯如月，茶绒纤纤。

气味：强烈的花果香。

手感：温润饱满。

香气：馥郁缠绵，脱俗飘逸。

汤色：金黄透亮。

口感：醇厚饱满，香醇温润。

叶底：黄绿嫩匀。

功效

1. 护肤：此茶叶中含有的醇酸，能有效去除死皮，促使新细胞更快到达皮肤表层，有护肤作用。

2. 减肥：此茶叶中含有茶多酚类化合物，能起到一定的减肥功效。

冲泡

【茶具】紫砂壶、茶匙、茶荷各 1 个，茶杯数个。

【方法】

1. 冲泡：用茶匙从茶荷中取月光白茶叶 3 克拨入紫砂壶中，往壶中快速倒入 90℃左右的水，至七分满即可。

2. 品茶：只见茶叶徐徐伸展，汤色金黄透亮，香气馥郁缠绵，脱俗飘逸，叶底红褐匀整。倒入茶杯中品饮，入口醇厚饱满，香醇温润。

白叶茶 福鼎白茶

产地：福建省福鼎市

福建是白茶之乡，而以福鼎白茶品质最佳最优。福鼎白茶通过采摘最优质的茶芽，再经过一系列精制工艺而制成。福鼎白茶有一特殊功效，在于可以缓解和解决部分人群因饮用红酒上火的难题，长期以来，福鼎白茶也成了人们交际后的忠实伴侣。

茶叶特点

外形： 分支浓密。

气味： 清而纯。

手感： 薄嫩轻巧。

香气： 香味醇正。

汤色： 杏黄清透。

口感： 回味甘甜。

叶底： 叶底薄嫩。

功效

1. 清热降火： 福鼎白茶性凉，能有效消暑解热，降火祛火。

2. 美容养颜： 福鼎白茶中的自由基含量较低，多饮此茶或饮用与此茶相关的提取物，可美容养颜，因此被俗称为“女人茶”。

冲泡

【茶具】 玻璃杯 1 个。

【方法】

1. 冲泡： 取 4 克左右福鼎白茶茶叶用沸水洗一遍，再往玻璃杯内倒入沸水，等候 5 分钟。

2. 品茶： 茶叶温润，汤色莹润婉和，茶汤浓淡均匀。白茶的每一口都让人有清新的口感，适合小口品饮。

黑茶

黑茶属于后发酵茶，由于采用的原料粗老，在加工制作过程中堆积发酵的时间也比较长，因此叶色多呈现暗褐色，故称为黑茶。黑茶是我国特有的茶叶品种，经过杀青、揉捻、渥堆、复揉和烘培五道工序制成。黑茶的产地主要在我国的湖南、四川、云南、广西等地，品种主要有湖南黑茶、四川黑茶、云南普洱茶等。

黑茶的分类

◎湖南黑茶

湖南黑茶专指产自湖南的黑茶，包括安化黑茶等。

◎湖北老青茶

湖北老青茶是以老青茶为原料，蒸压成砖形的黑茶，包括蒲圻老青茶等。

◎四川边茶

四川边茶又分南路边茶和西路边茶两种，其成品茶品质优良，经熬耐泡。

◎滇桂黑茶

滇桂黑茶专指生产于云南和广西的黑茶，属于特种黑茶，香味以陈为贵，包括普洱茶、六堡茶等。

黑茶的冲泡

1 茶具选用

黑茶一般选用煮水锅或者陶瓷杯、紫砂杯进行冲泡，有时也会采用盖碗直接饮用或倒入小杯中品饮。

2 水温控制

因为黑茶的茶叶较老，在水温方面，一定要使用温度不低于100℃的沸水进行冲泡，才能保证黑茶出汤后的茶汤品质。

3 置茶量

黑茶出汤色泽显红褐或黑褐色，置茶量可以控制在 10~15 克，也可以根据个人喜好调整。

4 冲泡方法

◎ 煮饮法

取煮水锅一个，倒入约 500 毫升水，待大火一沸，即可投入 10~15 克黑茶，至锅中水滚沸后，改小火再煮 2 分钟，即可关火，过滤掉茶渣，取清澈茶汤品饮。在少数民族地区有时也会加点盐或牛奶与茶汤混合，制成颇具特色的奶茶。

◎ 盖碗法

使用工夫茶茶具冲泡，也是黑茶常用的冲泡方法。取盖碗一个，投入15克黑茶，再按茶水1∶40的比例，倒入100℃沸水冲泡，稍闷泡，使黑茶的茶味完全泡出，即可将茶汤倒入小杯中品饮。

◎ 杯泡法

取紫砂杯或陶瓷杯一个，投入5克黑茶，再按茶水1∶40的比例，倒入100℃沸水冲泡，因黑茶较老，因此泡茶时间稍长，一般静置2~3分钟再倒出茶汤饮用即可。

5 冲泡时间

因黑茶的发酵时间较长，因此成品茶叶较老，在冲泡过程中可以闷泡稍长时间再出汤，每次闷泡2~3分钟后品饮即可。

6 适时续水

使用杯泡法冲泡黑茶时，可以在茶汤剩下1/3时续水，以保持茶汤品质。若使用煮饮法，一般是将锅中黑茶饮尽后，若想再饮茶，则重新注水煮沸，按煮饮法步骤续水即可。

黑茶的贮藏

黑茶在贮藏过程中不可直接接受日晒，应放置于阴凉的地方，以免茶品急速氧化。同时，贮藏的位置应通风，且不与有异味的物品存放在一起，以避免茶叶霉变、变味，加速茶体的湿热氧化过程。黑茶不宜用塑料袋密封，可使用牛皮纸等通透性较好的包装材料进行包装。

滇桂黑茶

普洱散茶

产地：云南省普洱市

普洱散茶属于普洱茶的一种，是以优质云南大叶种为原料，经过杀青、揉捻、晒干、渥堆、晾干、筛分等工序制作而成的。普洱散茶的历史非常悠久，一般以嫩度来划分等级，嫩度越高的茶叶级别也就越高。普洱散茶属于晒青毛茶，年份越久，其品质则越佳。

茶叶特点

外形：粗壮肥大。

气味：陈香显露，无异味。

手感：饱满柔软。

香气：独特陈香。

汤色：红浓明亮。

口感：醇厚回甘。

叶底：深猪肝色。

功效

1. 减肥瘦身：此茶中所含脂肪酶能帮助燃烧体内多余脂肪，有减肥功效。

2. 养胃健胃：普洱散茶进入到人体肠胃后，会形成一层保护膜，附着在胃的表层，对胃部起到保护作用。

冲泡

【茶具】腹大的茶壶、茶荷、茶匙、品茗杯各 1 个。

【方法】

1. 冲泡：用茶匙将茶叶从茶荷拨入壶中，冲入 90℃左右的水，冲至稍没茶器底即可。

2. 品茶：静待数秒，只见茶叶徐徐伸展，汤色红浓明亮，散发独特陈香，现深猪肝色，将茶汤倒入品茗杯中，入口醇厚回甘。

滇桂黑茶 | 宫廷普洱

产地：云南省昆明市、西双版纳

宫廷普洱，是古代专门进贡给皇族享用的茶，在旧时是一种身份的象征，是普洱中的特级茶品，称得上是茶中的名门贵族。宫廷普洱的制作颇为严格，选取二月上等野生大叶乔木芽尖中极细且微白的芽蕊，经过多道复杂的工序，最终制成优质茶品。

茶叶特点

外形：紧细匀整。

气味：甘醇悠远。

手感：细嫩滑腻。

香气：陈香浓郁。

汤色：红浓明亮。

口感：浓醇爽口。

叶底：褐红细嫩。

功效

1. 抗衰老：宫廷普洱茶中含有的儿茶素类化合物优于其他茶树品种，这一类物质能起到抗衰老的作用，还能提高人体免疫力，效果甚佳。

2. 减肥瘦身：宫廷普洱茶中含有的脂肪酶，具有一定的减肥作用。

冲泡

【茶具】紫砂壶、茶荷、茶匙、茶杯各 1 个。

【方法】

1. 冲泡：用茶匙将茶叶从茶荷拨入壶中，然后倒入适量沸水，第一次洗掉干茶中的浮灰，第二次冲至七分满即可。

2. 品茶：静待数秒，茶叶在壶内徐徐伸展，汤色红浓明亮，陈香浓郁，叶底褐红细嫩，将茶汤分倒入茶杯，入口浓醇爽口。

湖南黑茶 | 茯砖茶

产地：湖南省安化县

茯砖茶属黑茶类，是黑茶类中一个最具特色的黑茶产品，约在 1368 年问世。茯砖茶采用湖南、陕南、四川等茶为原料，手工筑制。因原料送到泾阳筑制，故称“泾阳砖”；因在伏天加工，又故称“伏茶”。

茶叶特点

外形：长方砖形。

气味：纯正悠远。

手感：粗老。

香气：纯正。

汤色：红黄明亮。

口感：醇和香浓。

叶底：黑褐粗老。

功效

1. 降血糖：茯砖茶中含有的茶多糖通过抗氧化作用可有效降低血糖。

2. 降血脂：茯砖茶中的茶多糖能与脂蛋白酶结合，促进动脉壁脂蛋白酶的形成而起到抗动脉粥样硬化、降血脂的作用。

冲泡

【茶具】紫砂壶、茶匙、茶荷、品茗杯各 1 个。

【方法】

1. 温杯：将热水倒入紫砂壶中进行温壶，再倒入品茗杯中进行温杯，而后弃水不用。

2. 冲泡：将茶叶拨入紫砂壶中，冲入 100℃左右的沸水，冲泡 8~10 分钟，倒入品茗杯中。

3. 品茶：入口醇和无涩味，回甘十分明显。

湖南黑茶 | 湖南千两茶

产地：湖南省安化县

湖南千两茶是20世纪50年代绝产的传统商品，产于湖南省安化县。“千两茶”是安化的一种传统名茶，以每卷（支）的茶叶净含量合老秤一千两（净重约37.25千克）而得名，因其外表的篾篓包装呈花格状，故又名花卷茶，被誉为“茶文化的经典，茶叶历史的浓缩，茶中的极品”。

茶叶特点

外形：呈圆柱形。

气味：高香持久。

手感：嫩匀密致。

香气：醇厚高香。

汤色：黄褐油亮。

口感：甜润醇厚。

叶底：黑褐嫩匀。

功效

1. 降血糖：湖南千两茶中含有丰富的茶多糖，可有效降低血糖。

2. 减肥瘦身：此茶中的多酚类及其氧化产物能溶解脂肪，促进体内脂类物质的排出，故被称为“瘦身茶”“美容茶”。

冲泡

【茶具】紫砂壶、茶匙、茶荷、品茗杯等各1个。

【方法】

1. 冲泡：用茶匙将茶叶从茶荷拨入紫砂壶中，冲入100℃左右的沸水，冲泡2~3分钟，倒入品茗杯中。

2. 品茶：香气纯正或带有松烟香，汤色橙黄，将茶汤倒入品茗杯中，入口滋味醇浓，回味高香持久。

湖南黑茶 | 花砖茶

产地：湖南省安化县高家溪和马家溪

花砖茶，历史上又叫“花卷”，又有别名“千两茶”，因一卷茶净重合老秤一千两而得名。规格一般为 33cm × 16cm × 3.3cm。花砖茶的做工精细、品质优良。因为砖面的四边都有花纹，为了区别于其他砖茶，所以取名“花砖”。

茶叶特点

外形：砖面平整。

气味：微香。

手感：光滑。

香气：纯正。

汤色：红黄。

口感：浓厚微涩。

叶底：老嫩匀称。

功效

1. 消炎：花砖茶的内质香气纯正，茶汤不易发生馊变，具有消炎作用。

2. 治咳嗽：花砖茶除能够帮助消化外，还具有治咳嗽和治腹泻的作用。腹胀时饮用，疗效显著。

冲泡

【茶具】茶壶、品茗杯各 1 个。

【方法】

1. 冲泡：将 90℃的水倒入壶中，冲泡花砖茶约 2 分钟。

2. 品茶：气味微香中掺杂一丝微涩，将其倒入品茗杯中，喝茶前先闻气味然后抿一口，将茶水置于舌根底部，停留 3~5 秒，便可以尝到真正的“回韵”，令人神清气爽。

滇桂黑茶

布朗生茶

产地：云南省

布朗生茶呈茶饼状，饼香悠远怡人，条索硕大而不似一般茶饼茶砖，轻嗅起来似乎带有浓重的麦香味。布朗生茶是通过收采最嫩芽叶纯手工制作而成，微显毫，一般选用早春大叶种晒青毛茶，汤色透亮，回甘快、生津强，茶味十分清甜，是不可多得的收藏佳品。

茶叶特点

外形： 条索肥硕。

气味： 浓重的麦香味，悠远怡人。

手感： 柔软。

香气： 略有蜜香。

汤色： 金黄透亮。

口感： 细腻厚重，微有苦涩。

叶底： 叶底柔软，匀称。

功效

1. 祛风解表： 具有祛痰、止渴生津、消暑、解热、抗感冒、解毒等功效。

2. 减轻烟毒： 对于长期吸烟者，常饮布朗生茶有助于排解体内毒素，预防疾病，减轻烟毒所带来的长期危害。

冲泡

【茶具】 过滤杯、茶壶、品茗杯各 1 个。

【方法】

1. 冲泡： 将约 5 克的茶叶放入过滤杯中，倒入 90~100℃的水，先将第一遍水滤去，再次倒入热水，冲泡茶叶，盖上杯盖即可。

2. 品茶： 待茶散发出浓浓麦香，此时稍稍晃动茶壶，然后分入品茗杯中，一杯香醇的布朗生茶就完成了。

滇桂黑茶 | 六堡散茶

产地：广西省苍梧县六堡乡

六堡散茶已有二百年的生产历史，因原产于广西苍梧县六堡乡而得名。现在六堡散茶产区相对扩大，分布在浔江、郁江、贺江、柳江和红水河两崖，有苍梧、贺县、横县、恭城、钟山等二三十个县生产六堡散茶，主产区是梧州地区。

茶叶特点

外形： 条索长整。

气味： 有独特的槟榔香气。

手感： 光润平整。

香气： 纯正醇厚。

汤色： 红浓明亮。

口感： 甘醇爽口。

叶底： 呈铜褐色。

功效

1. 减肥： 长期饮用此茶能降低胆固醇及甘油酯水平，有助于治疗肥胖症。

2. 延年益寿： 六堡散茶中含有维生素 C、维生素 E、茶多酚等多种有利健康的物质，常饮可益寿延年。

冲泡

【茶具】 盖碗，茶荷、茶匙、品茗杯等各 1 个。

【方法】

1. 温杯： 将热水倒入盖碗中进行温杯，而后弃水不用。

2. 冲泡： 用茶匙将茶叶从茶荷拨入盖碗中，水温 90~100℃，冲泡时间为 1~3 分钟。

3. 品茶： 冲泡好后倒入品茗杯中，入口香气高扬浓郁，带有强烈的回甘，生津持久。

滇桂黑茶 | 云南七子饼

产地：云南省大理市

云南七子饼亦称“圆饼”，是云南普洱茶中的著名产品，系选用云南一定区域内的大叶种晒青毛茶为原料，适度发酵，经高温蒸压而成，具有滋味醇厚、回甘生津、经久耐泡的特点。保存于适宜的环境下越陈越香。

茶叶特点

外形：紧结端正。

气味：带有特殊陈香或桂圆香。

手感：嫩匀。

香气：纯正馥郁。

汤色：橙黄明亮。

口感：醇厚甘甜。

叶底：嫩匀完整。

功效

1. 预防肿瘤：云南七子饼茶中含有锗元素，具有预防肿瘤之功效。

2. 健齿护齿：云南七子饼茶中含有可抑制人体钙质流失的物质，这对预防龋齿、护齿、坚齿都是有益的。

冲泡

【茶具】盖碗、茶杯、茶荷、茶匙各1个。

【方法】

1. 冲泡：用茶匙将茶叶从茶荷拨入盖碗中，然后向盖碗中冲入适量水，水温90℃左右，冲泡时间约为1分钟。

2. 品茶：冲泡后的茶色橙黄，十分诱人，将其倒入茶杯中，入口鲜爽回甘，带有香气，回味无穷。

滇桂黑茶 | 橘普茶

产地：陈皮产自广东省新会市，普洱茶叶产自云南省西双版纳傣族自治州

橘普茶，又称陈皮普洱茶、柑普茶，乃五邑特产之一，是选取了具有“千年人参，百年陈皮”之美誉的新会柑皮与云南陈年熟普洱，经过一系列复杂的工序制作而成的特型紧压茶，无任何添加剂，茶叶清香甘爽，常饮有疏肝润肺、消积化滞、宣通五脏等功效。

茶叶特点

外形：果圆完整，红褐光润。

气味：带有果味的清香。

手感：均匀润滑。

香气：陈香浓郁。

汤色：深红褐色。

口感：醇厚滑爽。

叶底：黑褐均匀。

功效

1. 养胃：橘普茶进入肠胃后会形成保护膜附着在胃表层，对胃部起保护作用，常饮有益。

2. 解酒：橘普茶叶中含有的茶碱有利尿作用，能促使酒精快速排出体外。

冲泡

【茶具】玻璃杯、茶匙各 1 个。

【方法】

1. 冲泡：用茶匙将 3 克橘普茶茶叶拨入玻璃杯中，再放入少许陈皮，冲入沸水至七分满即可。

2. 品茶：片刻后，汤色呈现深红褐色，陈香浓郁，叶底黑褐均匀，入口醇厚滑爽。

乌龙茶

中国人喜欢喝茶，乌龙茶是其中独具鲜明特色的茶叶品类。乌龙茶又称为青茶、半发酵茶，是介于不发酵茶（绿茶）与全发酵茶（红茶）之间的一种茶叶。其实，绿茶和乌龙茶是由同一种茶树生产出来的，最大的差别在于有没有经过发酵这个过程。

乌龙茶的分类

◎广东乌龙茶

广东乌龙茶主要指的是广东潮汕地区生产的乌龙茶，以凤凰单丛和凤凰水仙为最优秀产品，历史悠久，品质极佳。

◎台湾乌龙茶

台湾乌龙茶主要产自台湾省，还可以细分为轻发酵乌龙茶、中发酵乌龙茶和重发酵乌龙茶三种。

◎闽北乌龙茶

闽北乌龙茶主要是岩茶，以武夷岩茶最为著名，还包括闽北水仙、大红袍、肉桂、铁罗汉等。

◎闽南乌龙茶

闽南乌龙茶则以安溪铁观音和黄金桂为主要代表，其制作严谨、技艺精巧，在国内外享有盛誉。

乌龙茶的冲泡

1 茶具的选用

乌龙茶的冲泡较为讲究，选用的茶具也有别于其他茶种。传统里较讲究的泡乌龙茶器具包括：茶壶、茶杯、茶海、茶盅、茶荷、茶匙、水盂等。待客时最好选用紫砂壶或盖碗，平日可使用普通的陶瓷壶，而杯具最好用精巧的白瓷小杯。

2 水温控制

在所有茶种中，乌龙茶对冲泡水温的要求最高。 唐代茶圣陆羽把开水分为三沸：“其沸如鱼目，微有声，为一沸；缘边如涌泉连珠，为二沸；腾波鼓浪，为三沸。”其中，二沸的水，茶汁浸出率高，茶味浓、香气高，更能品饮出乌龙茶的韵味。

3 置茶量

由于乌龙茶的叶片比较粗大，且要求冲泡出来的茶汤滋味浓厚。所以，冲泡乌龙茶，茶叶的用量比名优茶和大宗花茶、红茶、绿茶要多，以装满紫砂壶容积的 1/2 为宜，约重 10 克。

冲泡方法

乌龙茶的冲泡方法有以下两种：

第一种是沸水冲泡法。先是温壶、温茶海。投入茶叶后，先温润泡。泡茶后还要洗茶，冲入沸水漫过茶叶时便立即将水倒出，这样可洗去浮尘和泡沫。洗茶后即可第二次冲入沸水使之刚溢出壶盖沿，以淋洗壶身来保持壶内水温。最后将茶汤分别倒入茶杯中。

第二种是冷水冲泡法。乌龙茶性寒，本应热饮，但其实冷饮也适宜。用冷水冲泡，只需要一个可容 1 升水的白瓷茶壶，洗净后投茶 10~15 克，接着注水，冲入少量温开水洗茶后倒掉，马上冲入低于 20℃的冷水，冷藏 4 小时后即可倒出饮用。

5 冲泡时间

乌龙茶较耐泡，一般泡饮 5~6 次，仍然余香犹存。泡的时间要由短到长，第一次冲泡时间短些，随冲泡次数增加，泡的时间相对延长。

6 适时续水

初次冲泡的乌龙茶，水没过茶叶先浸泡 15 秒钟，再视其茶汤浓淡，确定出汤的时间。通常，前三泡的续水较统一，而从第四泡开始，每一次续水均应比前一泡延时 10 秒左右。

乌龙茶的贮藏

用瓷罐或锡罐装入乌龙茶，尽量填满空隙，再加盖密封贮藏起来，要注意防潮、避光，最好放于冰箱内保存。

广东乌龙茶 | 凤凰水仙

产地：广东省潮安县凤凰山

传说南宋末年，宋帝赵昺南下潮汕，路经凤凰山区，口甚渴，侍从们采下一种叶尖似鸟嘴的树叶加以烹制，饮之止咳生津，立奏奇效。从此广为栽植，称为“宋种”，迄今已有900余年历史。凤凰水仙由于选用原料等级和制作精细程度不同，按成品品质依次分为凤凰单丛、凤凰浪菜和凤凰水仙三个品级。

茶叶特点

外形：挺直肥大。

气味：有花香气。

手感：松软丰满。

香气：天然花香，香味持久。

汤色：橙黄清澈。

口感：醇爽回甘。

叶底：肥厚柔软，青叶红镶边。

功效

1. 预防心血管疾病：凤凰水仙茶中的黄酮醇类有抗氧化作用，可有效防止血液凝块、血小板成团，预防血液系统病变。

2. 有助于抗病毒：此茶中的茶多酚对病原菌、病毒有明显的抑制和杀灭作用。

冲泡

【茶具】盖碗、茶匙、茶荷、品茗杯各1个。

【方法】

1. 冲泡：将凤凰水仙茶叶用茶匙从茶荷拨入盖碗，冲入100℃左右的水，加盖泡2~3分钟，倒入品茗杯中。

2. 品茶：入口醇爽回甘，喉韵明显。

台湾乌龙茶 | 冻顶乌龙茶

产地：台湾省凤凰山支脉冻顶山一带

冻顶乌龙茶俗称冻顶茶，是台湾知名度极高的茶，也是台湾包种茶的一种。台湾包种茶属轻度或中度发酵茶，亦称“清香乌龙茶”。包种茶按外形不同可分为两类：一类是条形包种茶，另一类是半球形包种茶。包种茶以冻顶乌龙茶为代表，主要是以青心乌龙为原料制成的半发酵茶。

茶叶特点

外形：紧结卷曲，色泽墨绿油润，边缘隐现金黄色。

气味：带花香、果香。

手感：紧实饱满。

香气：持久高远。

汤色：黄绿明亮。

口感：甘醇浓厚。

叶底：肥厚匀整，绿叶腹红边。

功效

1. 降血脂：冻顶乌龙茶可防止和减轻血液中脂质在主动脉中粥样硬化。

2. 抗衰老：饮用冻顶乌龙茶可以使血液中维生素 C 含量维持较高水平，有抗衰老作用，常饮可从多方面增强人体抗衰老能力。

冲泡

【茶具】盖碗、茶匙、茶荷、品茗杯各 1 个。

【方法】

1. 冲泡：用茶匙将茶叶从茶荷拨入盖碗，冲入 100℃左右的水，加盖泡 1~3 分钟。

2. 品茶 将茶汤倒入品茗杯中，茶汤黄绿明亮，叶底肥厚匀整，入口甘醇爽滑，喉韵强，饮后唇齿带有花香或果香。

台湾乌龙茶 | 梨山乌龙茶

产地：台湾省台中市梨山

梨山乌龙茶主要产于台湾省台中市的梨山高冷乌龙茶园。茶园分布在海拔 2000 米的高山之上，终年云雾弥漫，昼夜温差大，极有益于茶树的生长。这种得天独厚的自然条件与栽种条件，使得梨山茶芽叶柔软，叶肉厚实，果胶质、氨基酸含量高，制成的成品茶香气优雅，显高山韵。

茶叶特点

外形：肥壮紧结。

气味：梨果香。

手感：紧实。

香气：浓郁幽雅。

汤色：碧绿显黄。

口感：甘醇爽滑。

叶底：肥软整齐。

功效

1. 嫩肤美白：梨山乌龙茶对抑制过敏性皮炎有一定功效，可提高皮肤角质层的保水能力。

2. 提神益思：此茶中的咖啡碱能使中枢神经兴奋，起到提神益思的作用。

冲泡

【茶具】盖碗、茶匙、茶荷、品茗杯各 1 个。

【方法】

1. 冲泡：将茶叶用茶匙从茶荷拨入盖碗中，冲入 100℃左右的水，加盖泡 1~3 分钟，倒入品茗杯中。

2. 品茶：茶香幽雅，茶汤碧绿显黄，入口滋味甘醇，口感鲜爽，甘甜而不苦涩。

台湾乌龙茶

台湾大禹岭茶

产地：台湾省花莲县秀林乡大禹岭

大禹岭茶是台湾茶中最高等级的茶品，是台湾高山茶的代表之一。大禹岭茶区处于海拔 2600 米以上。该茶区昼夜温差极大，土壤有机质含量高，终年云雾笼罩，冬天冰雪覆盖成长不易。台湾大禹岭茶叶片厚、果胶质浓、霜气明显、山气重、喉韵强，泡后香气清雅，余韵浑厚，为茶中顶极品。

茶叶特点

外形： 条索紧结。

气味： 花果香。

手感： 紧实。

香气： 清雅。

汤色： 碧绿金黄。

口感： 回甘甜润。

叶底： 肥厚匀整。

功效

1. 醒脑提神： 大禹岭茶中的咖啡碱能促使人体中枢神经兴奋，起到提神益思、消除疲劳、清心的效果。

2. 减脂、助消化： 此茶中的咖啡碱能提高胃液分泌，能减脂、助消化。

冲泡

【茶具】 陶瓷茶壶、茶匙、茶荷、品茗杯各 1 个。

【方法】

1. 温杯： 将开水倒入陶瓷茶壶中进行冲洗，弃水不用。

2. 冲泡： 将茶叶用茶匙从茶荷拨入陶瓷茶壶中，冲入 100℃左右的水，加盖泡 3~5 分钟，然后倒入品茗杯中。

3. 品茶： 入口甘醇爽口，让人脾胃舒畅。

台湾乌龙茶 金萱乌龙

产地：台湾省南投县竹山镇

金萱茶，又名台茶十二号，是以金萱茶树采制的半球形包种茶。由于此乌龙茶具有独特的香味，由台湾茶业改良场第一任厂长吴振铎老师按其特色命名为“金萱”。金萱乌龙茶产于台湾高海拔山脉，此地常年云雾缭绕，为乌龙茶生长之最佳环境。

茶叶特点

外形：紧结沉重，呈半球形，色泽砂绿或墨绿。

气味：奶香。

手感：紧实厚重。

香气：淡雅。

汤色：金黄明亮。

口感：甘醇。

叶底：肥厚匀整，绿底微红边。

功效

1. 降血脂：金萱乌龙茶能抑制血液中脂质动脉粥样硬化，改善血液微循环。

2. 抗衰老：金萱乌龙茶可以使血液中维生素 C 含量保持较高水平，而维生素 C 具备抗衰老作用。

冲泡

【茶具】盖碗、茶匙、茶荷、品茗杯各 1 个。

【方法】

1. 冲泡：将茶叶用茶匙从茶荷拨入盖碗中，冲入 100℃左右的水，加盖泡 2 分钟，倒入品茗杯中。

2. 品茶：茶汤金黄明亮，叶底肥厚匀整，入口温顺甘醇，生津而富有活力。

广东乌龙茶 | 凤凰单丛

产地：广东省潮州市潮安区凤凰镇乌岽山

凤凰单丛，属乌龙茶类，产于广东省潮州市凤凰镇乌岽山茶区。凤凰单丛黄枝香是凤凰单丛十大花蜜香型珍贵名丛之一，因香气独特，有明显黄栀子花香而得名。该茶有多个株系，单丛茶是按照单株株系采摘，单独制作而成，具有天然的花香。

茶叶特点

外形：条索紧细，色泽乌润油亮。

气味：天然花香。

手感：有韧性。

香气：香高持久。

汤色：橙黄明亮。

口感：醇厚鲜爽。

叶底：匀亮齐整，青蒂绿腹红镶边。

功效

1. 延缓衰老：凤凰单丛茶中含有的茶多酚具有很强的抗氧化性和生理活性，是人体自由基的清除剂。

2. 抑制心血管疾病：凤凰单丛茶含有茶多酚，可有效抑制动脉粥样硬化。

冲泡

【茶具】盖碗、茶匙、茶荷、品茗杯各 1 个。

【方法】

1. 温杯：将开水倒入盖碗中进行冲洗，而后弃水不用。

2. 冲泡：用茶匙将凤凰单丛茶叶从茶荷拨入盖碗中，冲入 100℃左右的水，加盖泡 2 分钟，倒入品茗杯中。

3. 品茶：茶汤橙黄明亮，叶底完整，有明显的红边，入口浓厚甘爽。

闽南乌龙茶 | 漳平水仙

产地：福建省漳平市九鹏溪地区

漳平水仙，又称“纸包茶”，是乌龙茶类中唯一的紧压茶，品质珍奇，极具传统风味。漳平水仙是选取水仙品种茶树的一芽二叶或一芽三叶嫩梢、嫩叶为原料，经一系列复杂工序制作而成，再用木模压造成方饼形状，具有经久藏、耐冲泡、久饮多饮不伤胃的特点。

茶叶特点

外形：紧结卷曲。

气味：花香。

手感：有韧性。

香气：清高细长。

汤色：橙黄清澈。

口感：清醇爽口。

叶底：肥厚软亮。

功效

1. 杀菌作用：漳平水仙中含的茶多酚和鞣酸，能破坏和杀死细菌的蛋白质，起到消炎除菌的作用。

2. 抗癌作用：漳平水仙中含有黄酮类物质，能起到一定的体外抗癌作用。

冲泡

【茶具】玻璃杯、茶匙、茶荷各 1 个。

【方法】

1. 冲泡：用茶匙将茶叶从茶荷拨入玻璃杯中，冲入 80~90℃的水。

2. 品茶：静待片刻，茶叶在杯内徐徐伸展，汤色橙黄清澈，香气清高细长，入口清醇爽口。

闽北乌龙茶 | 老枞水仙

产地：福建省武夷山

老枞水仙是武夷岩茶中之望族，栽培历史已有数百年之久。产区位于武夷山景区天心村，由于其得天独厚的自然环境，遂使水仙品质更加优异。老枞水仙作为武夷岩茶的当家品种四大名丛之一，与大红袍、肉桂均是闽北乌龙茶的代表。

茶叶特点

外形：紧结沉重。

气味：兰花香。

手感：卷曲。

香气：浓郁幽长。

汤色：清澈橙黄。

口感：醇厚回甘。

叶底：厚软黄亮。

功效

1. 改善肤质、养颜：老枞水仙可改善过敏皮肤，预防皮肤老化，美白肌肤，还可以防止牙垢与蛀牙。

2. 抗衰老：老枞水仙茶叶具有消除危害皮肤与健康的活性氧的功效。

冲泡

【茶具】紫砂壶、品茗杯各 1 个。

【方法】

1. 冲泡：将茶叶投入茶壶中，冲入 100℃左右的水，加盖泡 2~3 分钟，倒入品茗杯中。

2. 品茶：茶香浓郁，茶汤清澈橙黄，入口醇厚甘滑，喉韵明显。

闽南乌龙茶 | 永春佛手

产地：福建省永春县

永春佛手又名香橼、雪梨，是乌龙茶类中风味独特的名贵品种之一。产于闽南著名侨乡永春县，此地处于戴云山南麓，全年雨量充沛，适合茶树生长。佛手茶树品种有红芽佛手与绿芽佛手两种，以红芽为佳。

茶叶特点

外形：紧结肥壮，卷曲重实，色泽乌润砂绿。

气味：近似香橼香。

手感：重实，有磨砂感。

香气：浓锐幽长。

汤色：橙黄清澈。

口感：甘厚芳醇。

叶底：匀整红亮。

功效

1. 提神益思、消除疲劳：永春佛手所含的咖啡碱较多，能促使人体中枢神经兴奋，增强大脑皮质的兴奋过程，起到提神益思、清心的效果。

2. 解热防暑、生津利尿：该茶中的咖啡碱可以帮助肾脏排毒。

冲泡

【茶具】盖碗、茶匙、茶荷、品茗杯各 1 个。

【方法】

1. 冲泡：用茶匙将茶叶从茶荷拨入盖碗中，冲入 100℃左右的水，加盖泡 1~3 分钟，倒入品茗杯中。

2. 品茶：冲泡后茶香浓郁持久，茶汤橙黄清澈，入口甘厚鲜醇，回味绵长。

闽南乌龙茶 黄金桂

产地：福建省安溪县

黄金桂，属乌龙茶类，原产于安溪虎邱镇美庄村，是乌龙茶中风格有别于铁观音的又一极品。1986 年被商业部授予“全国名茶”称号。黄金桂是以黄旦品种茶树嫩梢制成的乌龙茶，因其汤色呈金黄色并有奇香似桂花，故名黄金桂（又称黄旦）。

茶叶特点

外形：紧结卷曲，细秀匀整，色泽呈黄绿色。

气味：略带桂花香。

手感：团状，紧实感。

香气：幽雅鲜爽，香高清长。

汤色：金黄明亮。

口感：纯细甘鲜。

叶底：柔软明亮。

功效

1. 防癌、益智：黄金桂含硒量很高，可抑制癌细胞的发生和发展。同时，安溪黄金桂还有益智的功效。

2. 延缓衰老：黄金桂中的茶多酚有很强的抗氧化性，有延缓衰老之效。

冲泡

【茶具】盖碗、茶匙、茶荷、品茗杯各 1 个。

【方法】

1. 温杯：将开水倒入盖碗中进行冲洗，而后弃水不用。

2. 冲泡：将茶叶用茶匙从茶荷拨入盖碗中，冲入 100℃左右的水，加盖泡 2~3 分钟，倒入品茗杯。

3. 品茶：入口纯细甘鲜，令人回味隽永。

闽南乌龙茶 | 本山茶

产地：福建省安溪县

本山茶原产于安溪西尧阳，品质优良，系安溪四大名茶之一。据 1937 年庄灿彰的《安溪茶业调查》介绍："中叶类，中芽种。树姿开张，枝条斜生，分枝细密；叶形椭圆，叶薄质脆，叶面稍内卷，叶缘波浪明显，叶齿大小不匀，芽密且梗细长，花果颇多。"

茶叶特点

外形：条索紧结，头大尾尖，色泽鲜润砂绿。

气味：清香透鼻。

手感：磨砂感。

香气：高长。

汤色：金黄明亮。

口感：醇厚鲜爽。

叶底：肥壮匀整。

功效

1. 减肥作用：本山茶中的咖啡碱、肌醇等，能促进脂肪代谢，所以饮用此茶能减肥。

2. 防龋齿作用：本山茶中含有氟，有助于提高牙齿防酸抗龋能力，预防龋齿。

冲泡

【茶具】盖碗、茶匙、茶荷、品茗杯各 1 个。

【方法】

1. 冲泡：用茶匙将 4 克本山茶从茶荷拨入盖碗中，冲入 100℃左右的水，加盖泡 1~5 分钟。

2. 品茶：冲泡后香气浓郁鲜锐，汤色金黄明亮，将其倒入品茗杯中，入口醇厚鲜爽，香味高醇，是公认的铁观音的替代品。

闽北乌龙茶 | 武夷水仙

产地：福建省武夷山

武夷水仙，又称闽北水仙，是以闽北乌龙茶采制技术制成的条形乌龙茶，也是闽北乌龙茶中两个品种之一。水仙是武夷山茶树品种的一个名称。采摘武夷水仙时采用“开面采”，即当茶树顶芽开展时，只采三四叶，而保留一叶。

茶叶特点

外形：紧结匀整，叶端褶皱扭曲，色泽油润，间带砂绿蜜黄。

气味：兰花香。

手感：松软。

香气：清香浓郁。

汤色：呈琥珀色，清澈。

口感：醇厚回甘。

叶底：厚软黄亮。

功效

1. 杀菌作用：武夷水仙茶中含有的茶多酚和鞣酸，能破坏和杀死细菌的蛋白质，从而具有消炎除菌的功效。

2. 抗癌作用：武夷水仙茶中含有丰富的黄酮类物质，能起到一定的体外抗癌作用。

冲泡

【茶具】茶匙、茶荷、茶壶、茶杯各 1 个。

【方法】

1. 冲泡：用茶匙将茶叶从茶荷拨入茶壶中，冲入开水至七分满左右。

2. 品茶：3 分钟后即可出汤品饮，将其倒入茶杯中，只见茶叶徐徐伸展，汤色清澈橙黄，入口喉底回甘。

闽北乌龙茶 | 水金龟

产地：福建省武夷山

水金龟是武夷岩茶四大名丛之一，产于武夷山牛栏坑社葛寨峰下的半崖上，因茶叶浓密且闪光宛如金色之龟而得此名。水金龟属半发酵茶，既有铁观音之甘醇，又有绿茶之清香，具鲜活、甘醇、清雅与芳香等特色，是茶中珍品。

茶叶特点

外形： 紧结弯曲，墨绿带润，色泽褐绿油润。

气味： 似腊梅花香。

手感： 光滑。

香气： 清细幽远。

汤色： 橙红明亮。

口感： 甘醇浓厚。

叶底： 软亮匀整。

功效

1. 延缓衰老： 水金龟中的茶多酚具有很强的抗氧化性和生理活性，能阻断脂质过氧化反应，延缓衰老。

2. 预防心血管疾病： 本茶中的茶多酚能降低纤维蛋白原，抑制动脉粥样硬化。

冲泡

【茶具】 盖碗、茶匙、茶荷、品茗杯各 1 个。

【方法】

1. **温杯：** 将开水倒入盖碗中进行冲洗，而后弃水不用。
2. **冲泡：** 用茶匙将 5 克水金龟茶叶从茶荷拨入盖碗中，冲入开水，加盖冲泡 2~3 分钟。
3. **品茶：** 将茶汤倒入品茗杯中品饮，入口甘醇浓厚。

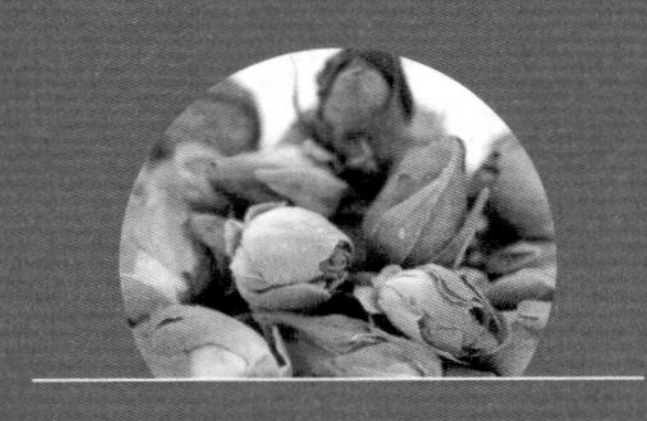

花茶

花茶，又称为香片，主要是以绿茶、红茶或者乌龙茶作为茶坯，配以能够吐香的鲜花作为原料，采用窨制工艺制作而成的茶叶。花茶是中国特有的一类再加工茶，古人有“上品饮茶，极品饮花”之说。花茶气味芬香并具有养生疗效，是当今主流的健康饮品。本节编者将根据花茶种类的不同，分门别类地对花茶的冲泡、花茶的品鉴进行详尽的描述。

花茶的分类

◎窨制花茶

窨制花茶是用茶叶和香花进行拼和窨制，使茶叶吸收花香而制成的香茶，亦称熏花茶。花茶的主要产区有福建的福州、浙江的金华、江苏的苏州等地。花茶因窨制的不同可分为茉莉花茶、珠兰花茶等。

◎花草茶

一般我们所谓的花草茶，特指那些不含茶叶成分的香草类饮品。准确地说，花草茶指的是将植物之根、茎、叶、花或皮等部分加以煎煮或冲泡，而产生芳香味道的草本饮料。常见的花草茶有玫瑰花、洛神花、金银花等。

◎工艺花茶

工艺花茶是最近几年才兴起的一种再加工茶，这种茶极大地改变了传统花茶去花留茶的做法，而是将干包花藏于茶叶之中。冲泡时茶叶渐渐舒展，干花吸水开放，极大地提高了花茶的观赏性，增加了茶的趣味。

花茶的冲泡

1 茶具的选用

由于花茶外观美丽，冲泡时以维护花茶的香气不至于无效散失以及显示出茶特质的美为主要原则，因此宜选择透明的玻璃茶杯，或者是广口且精致的陶瓷杯来冲泡。

2 水温控制

质量较上乘的花茶，对花茶本身的品质要求较高，冲泡水温宜控制在 85℃，而中低档的花茶可不用追求品质，采用 100℃沸水冲泡出汤即可。

3 置茶量

以冲泡花茶的沸水用 500 毫升为标准，那相应的置茶量应为 5~10 克。如果是选择混合式的花茶，即花草的种类多于两种，则每一种材料各取 2~3 克。同时，冲泡时可依据个人口味，搭配 2~3 克冰糖或蜂蜜，理想的花茶与冰糖或蜂蜜的比例为 3 ： 2。

4 冲泡方法

花茶冲泡时基本采用先冲后泡的方式。取花茶 5~10 克放入玻璃杯或陶瓷杯中，倒入沸水没过花茶，浸泡 2~3 分钟，将花茶略洗后即可倒掉部分浮水，再注水至八分满，泡 3~5 分钟，待花叶舒展开后即可饮用。若不习惯花茶口味清淡，可适量添加冰糖或蜂蜜，但须避免盖过花茶本身的滋味。单一花茶和混合式花茶的冲泡方法类似。

5 冲泡时间

洗茶后，沸水注入杯中冲泡花茶的时间既不宜过短，也不宜过长，通常冲泡后保持 3~5 分钟，即可品饮。

6 适时续水

花茶一般用玻璃杯或陶瓷杯饮用，以方便欣赏其舒展的姿态，因此不宜将杯中茶汤全部饮用完再续水，最好是在杯中茶汤剩下 1/3 时续水，既可保持花茶继续舒展，也可控制茶温，保全茶汤品质。

花茶的贮藏

花茶在贮藏时，如何确保其香味不散，隔绝异味非常重要。首先，将花茶放入干净的容器中，可以是陶瓷罐、铁罐等耐贮藏的容器，应尽量填满容器空隙，以隔绝空气。最好保存在温度 5℃以下的空间（冰箱冷藏室为宜），与易散发异味的物品隔绝开，以确保花茶不变质及老化。

花草茶 | 菊花茶

产地：湖北省大别山，浙江省杭州市及桐乡，安徽省亳州

菊花为人们所熟悉的样子总是多姿多彩、明黄鲜艳。除了极具观赏性外，菊花茶的用途也很广泛，在家庭聚会、下午茶、饭后消食解腻的时候，菊花茶常被作为饮品饮用。菊花产地分布各地，自然品种繁多，大多都具备较高的药用价值。

茶叶特点

外形：花朵外形，色泽明黄。

气味：菊花清香。

手感：松软顺滑。

香气：清香怡人。

汤色：汤呈黄色。

口感：滋味甘甜。

叶底：叶子细嫩。

功效

1. 明目：长期面对电脑易导致眼睛疲劳，常饮菊花茶可有效保护眼睛，有明目的作用。

2. 疏肝解郁：菊花茶配上枸杞或者蜂蜜同饮，能够帮助人体疏肝解郁。

冲泡

【茶具】玻璃茶壶、茶杯各 1 个。

【方法】

1. 冲泡：将 5 克菊花茶放入玻璃茶壶中，冲入 100℃的沸水，盖上盖泡。

2. 品茶：菊花香气清新，气味持久，将茶汤倒入茶杯中，待稍凉后即可品饮，入口甘甜。

窨制花茶 茉莉花茶

产地：福建省福州市

茉莉花茶是将茶叶和茉莉鲜花进行拼和、窨制，使茶叶吸收花香而成。因茶中加入茉莉花朵熏制而成，故名茉莉花茶。茉莉花茶经久耐泡，根据品种、产地和形状的不同，茉莉花茶又因此有着不同的名称。

茶叶特点

外形： 紧细匀整，黑褐油润。

气味： 茉莉清香。

手感： 柔而疏松。

香气： 鲜灵持久。

汤色： 黄绿明亮。

口感： 醇厚鲜爽。

叶底： 嫩匀柔软。

功效

1. 行气开郁： 茉莉花茶含有的挥发油性物质有行气止痛、解郁散结的作用，可缓解胸腹胀痛、下痢等，为止痛之食疗佳品。

2. 抗菌消炎： 茉莉花茶能抑制多种细菌，可治疗目赤、皮肤溃烂等炎性病症。

冲泡

【茶具】 盖碗、透明茶杯各 1 个。

【方法】

1. 冲泡： 将5克茉莉花茶放入盖碗，冲入95~100℃的水，盖上盖泡3~5分钟，然后倒入透明茶杯中。

2. 品茶： 小口品饮，以口吸气、鼻呼气，使茶汤在舌头上往返流动片刻，可感茶味清幽，芬芳怡人。

窨制花茶

茉莉红茶

产地：福建省

茉莉红茶是采用茉莉花茶窨制工艺与红茶工艺精制而成的花茶。此茶既有发酵红茶的秀丽外形，又有茉莉花的浓郁芬芳，集花茶和红茶的精华于一身。目前市面上较多的是福建九峰茶企生产的九峰茉莉红茶。

茶叶特点

外形：匀齐毫多，黑褐油润。

气味：茉莉香。

手感：疏松。

香气：浓郁芬芳。

汤色：金黄明亮。

口感：醇厚甘爽。

叶底：匀嫩晶绿。

功效

1. 防辐射：茉莉红茶中含有的茶多酚和维生素C能防辐射，可在一定程度上减少辐射对人体的危害。

2. 抗压解疲：茉莉红茶中的茶碱能振奋精神、消除疲劳，提高工作效率。

冲泡

【茶具】茶壶、茶匙、茶荷、茶杯各1个。

【方法】

1. 冲泡：用茶匙将5克茉莉红茶茶叶从茶荷拨入茶壶中，然后倒入95℃左右的水冲泡即可。

2. 品茶：3分钟后即可将茶汤倒入茶杯中品饮，入口醇厚甘爽，香气浓郁。

花草茶 | 玫瑰花茶

产地：山东省济南市平阴县

玫瑰花茶是用鲜玫瑰花和茶叶的芽尖按比例混合，利用现代高科技工艺窨制而成的高档茶，其香气具浓、轻之别，和而不猛。我国现今生产的玫瑰花茶主要有玫瑰红茶、玫瑰绿茶、玫瑰九曲红梅等花色品种。玫瑰花采下后，经适当摊放、折瓣，拣去花蒂、花蕊，以净花瓣付窨。

茶叶特点

外形：紧细匀直，色泽均匀。

气味：玫瑰花甜香。

手感：紧实。

香气：浓郁幽长。

汤色：淡红清澈。

口感：浓醇甘爽。

叶底：嫩匀柔软。

功效

1. 缓解疲劳：玫瑰花茶能改善内分泌失调，可消除疲劳，促进伤口愈合，还能调理女性生理紊乱。

2. 保肝降火：玫瑰花茶能降火气，还能保护肝脏、胃肠功能。

冲泡

【茶具】玻璃杯或盖碗 1 个。

【方法】

1. 冲泡：将 3 克玫瑰花茶放入玻璃杯或盖碗中，冲入 95℃左右的水，盖上盖泡 1~3 分钟。

2. 品茶：玫瑰花茶宜热饮，香味浓郁，闻之沁人心脾，而且常饮有美容养颜之效。

花草茶 | 玉兰花茶

产地：江苏省苏州市

玉兰花属木兰科植物，原产于长江流域。玉兰花采收以傍晚时分最宜，用剪刀将成花一朵朵剪下，浸泡在8~10℃的冷水中1~2分钟，再沥干。经严格的气流式窨制工艺，即分拆枝、摊花、晾制、窨花、通花等工序，再经照射灭菌最终制成花茶。

茶叶特点

外形：紧结匀整，黄绿尚润。

气味：淡淡玉兰香。

手感：叶片光润，有韧性。

香气：鲜灵浓郁。

汤色：浅黄明亮。

口感：醇厚鲜爽。

叶底：细嫩匀亮。

功效

1. 消炎止痛：玉兰花能入药治头痛、鼻窦炎等，有降压和气、消痰益肺、利尿化浊之功效。

2. 强身健体：玉兰花富含类黄酮及精油成分，能提高免疫力，抑制细菌。

冲泡

【茶具】瓷壶或盖碗、茶匙、茶荷、茶杯各1个。

【方法】

1. 冲泡：用茶匙将3克玉兰花茶从茶荷拨入瓷壶或盖碗中，然后冲入90~100℃的水，加盖泡3~5分钟，之后可将茶汤倒入茶杯中。

2. 品茶：待茶汤稍凉时小口品饮，茶香芬芳，沁人心脾。

花草茶 | 玳玳花茶

产地：浙江省金华市

玳玳花茶因其香味浓醇的品质和开胃通气的药理作用深受消费者喜爱，被誉为“花茶小姐”，畅销华北、东北、江浙一带。玳玳花茶一般用中档茶窨制，头年必须备好足够的茶坯，窨制前应烘好素坯，使陈味挥发，茶香透出，从而有利于玳玳香气的发挥。

茶叶特点

外形：条索细匀，全黄泛绿。

气味：玳玳花香。

手感：光滑。

香气：鲜爽浓烈。

汤色：黄明清澈。

口感：滋味浓醇。

叶底：黄绿明亮。

功效

1. 解郁理气：玳玳花茶能疏肝和胃，主治胸中痞闷、脘腹胀痛、呕吐少食。

2. 消脂减肥：玳玳花茶能够促进血液循环，疏肝理气，尤其适合脾胃失调且肥胖的人饮用。

冲泡

【茶具】带盖玻璃杯 1 个。

【方法】

1. 冲泡：将 3 克玳玳花茶放入玻璃杯中，冲入 90~95℃的水，盖上盖泡 3~5 分钟。

2. 品茶：待茶汤稍凉时小口品饮，汤色黄明，香气鲜爽浓烈，滋味浓醇，口齿留香，沁人心脾。

花草茶 | 桂花茶

产地：广西省桂林市

桂花茶是用鲜桂花窨制，既不失茶的香味，又带浓郁桂花香气，很适合胃功能较弱的人饮用。广西桂林的桂花烘青以桂花的馥郁芬芳衬托茶的醇厚滋味而别具一格，成为茶中之珍品，深受国内外消费者的青睐。

茶叶特点

外形：条索紧细、匀整，花如叶里藏金，色泽金黄。

气味：桂花香。

手感：柔滑蓬松。

香气：浓郁持久。

汤色：绿黄明亮。

口感：醇香适口。

叶底：嫩黄明亮。

功效

1. 保护嗓子：桂花茶有排毒养颜、止咳化痰的作用，可缓解因上火所致的声音沙哑。

2. 保健作用：桂花茶对口臭、视觉不明、溃疡、胃寒胃疼等症有预防作用。

冲泡

【茶具】带盖玻璃杯 1 个。

【方法】

1. 冲泡：将 4 克桂花茶放入玻璃杯中，冲入 95℃左右的水，盖上盖泡 3~5 分钟。

2. 品茶：小口品饮，茶香浓厚而持久，滋味醇香适口，饮后口齿留香。

花草茶 | 月季花

产地：福建省武夷山

月季花，为蔷薇科、蔷薇属植物，素有“花中皇后”之称。月季花花期长，适应性广，是世界上最主要的切花和盆花之一。月季花茶采用的是夏季或秋季采摘的月季花花朵，以紫红色半开放花蕾、不散瓣、气味清香者为宜。

茶叶特点

外形：外形饱满，鲜亮玫红。

气味：月季清香。

手感：平滑。

香气：浓郁甜润。

汤色：土黄清澈。

口感：浓醇甘爽。

叶底：嫩匀柔软。

功效

1. 行血活血：月季花能消肿、解毒、止痒，适用于月经不调、闭经痛经、血瘀肿痛等症。

2. 排毒养颜：月季花能抗衰老、润肌肤，常饮此茶可促进身体新陈代谢。

冲泡

【茶具】带盖玻璃杯 1 个。

【方法】

1. 冲泡：将 5 克月季花茶放入玻璃杯中，冲入 95~100℃的水，加盖泡。
2. 品茶：待茶汤稍凉时小口品饮，滋味浓醇甘爽，有浓浓的花香。

窨制花茶

珠兰花茶

产地：福建省福州市

珠兰花茶是以烘青绿茶与珠兰或米兰鲜花为原料窨制而成的，因其香气芬芳幽雅，持久耐贮而深受人们青睐，主要产自安徽、福建、浙江、江苏、四川等地，其中尤以福州珠兰花茶为佳。其品质特征：清芬稍逊于茉莉花茶，而香烈持久则胜于茉莉花茶。这种茶虽经较长时间贮存，其花香仍芬烈隽永。

茶叶特点

外形：条索紧细，锋苗挺秀，色泽泛褐或深绿油润。

气味：花清香。

手感：光滑，有韧性。

香气：清鲜馥郁。

汤色：清澈黄亮。

口感：浓醇甘爽。

叶底：嫩匀肥壮。

功效

1. 醒脑提神：珠兰花茶富含维生素 A、维生素 C，能生津止渴、醒脑提神。

2. 活血、驱虫：常饮珠兰花茶能促进身体新陈代谢，帮助调节内分泌，其独特的香味还能驱虫。

冲泡

【茶具】带盖玻璃杯 1 个。

【方法】

1. 冲泡：将 4 克珠兰花茶冲入 95~100℃的水，盖上盖，闷泡 1~3 分钟。

2. 品茶：待茶汤稍凉时小口品饮，入口优雅芬芳，可感茶味清幽，有怡人的香气。

花草茶 | 玉蝴蝶

产地：云南、贵州两省

玉蝴蝶，也称木蝴蝶，又名白玉纸，为紫葳科植物玉蝴蝶的种子，主产于云南、贵州等地，因为略似蝴蝶形而得名。玉蝴蝶茶主要摘取玉蝴蝶种子进行冲泡，既是云南少数民族的一种民间茶，又是一味名贵中草药，能清肺热，对急慢性支气管炎有很好的疗效。

茶叶特点

外形：形似蝴蝶，米黄无光。

气味：玉蝴蝶香。

手感：光滑。

香气：花郁茶香。

汤色：黄亮清澈。

口感：淡雅清爽。

叶底：蝴蝶展翅。

功效

1. 强身健体：玉蝴蝶茶有美白肌肤、降压减肥的功效，并能促进人体新陈代谢，延缓细胞衰老，提高免疫力。

2. 润嗓润喉：玉蝴蝶能清肺热、利咽喉，对咳嗽、扁桃体炎有一定疗效。

冲泡

【茶具】带盖玻璃杯 1 个。

【方法】

1. 冲泡：将 5 克玉蝴蝶茶放入玻璃杯中，冲入 95℃左右的水，盖上盖，闷泡数分钟。

2. 品茶：待茶汤稍凉时小口品饮，滋味清爽。

窨制花茶 金银花茶

产地：四川省

金银花茶是一种新兴保健茶，茶汤芳香、甘凉可口。常饮此茶，有清热解毒、通经活络、护肤美容之功效。市场上的金银花茶有两种：一种是鲜金银花与少量绿茶拼和，按金银花茶窨制工艺窨制而成的金银花茶；另一种是用烘干或晒干的金银花干与绿茶拼和而成。

茶叶特点

外形：紧细匀直，灰绿光润。

气味：金银花香。

手感：柔滑。

香气：清纯隽永。

汤色：黄绿明亮。

口感：醇厚甘爽。

叶底：嫩匀柔软。

功效

1. 抗炎解毒：金银花茶对痈肿疔疮和肠痈肺痈有散痈消肿、清热解毒的作用。

2. 疏热散邪：金银花茶对外感风热或温病初起，身热头痛、心烦少寐、神昏舌绛、咽干口燥等有一定缓解作用。

冲泡

【茶具】带盖玻璃杯 1 个。

【方法】

1. 冲泡：将 3 克金银花茶放入玻璃杯中，冲入 95℃左右的水，盖上盖，泡 3~5 分钟。

2. 品茶：开盖后闻香气，待茶汤稍凉时小口品饮，金银花特有的香气令人沉醉。

花草茶 红巧梅茶

产地：中国西南边疆地区

红巧梅是千日红的一种，俗称妃子红，花朵红艳。红巧梅茶产于中国西南边疆地区，为历代宫廷饮用必备贡品，产量极为稀少。红巧梅茶富含精氨酸、天冬氨酸、谷氨酸等多种氨基酸，具有调整内分泌、解郁降火、健脾胃、通经络等多种功效。

茶叶特点

外形：朵朵饱满，鲜亮玫红。

气味：红巧梅香。

手感：毛茸茸。

香气：清香凛冽。

汤色：淡粉红色。

口感：甘甜清爽。

叶底：叶底匀整。

功效

1. 淡化色斑：常饮红巧梅茶可排毒养颜、美肤祛斑，能淡化因内分泌紊乱所致的黄褐斑、色斑等。

2. 润肤美白：红巧梅茶外用能使皮肤白嫩、红润。

冲泡

【茶具】带盖玻璃杯 1 个。

【方法】

1. 冲泡：将 5 克红巧梅茶放入玻璃杯中，冲入 90~100℃的水，加盖泡。

2. 品茶：待茶汤稍凉时小口品饮，滋味甘甜清爽，而且茶香清高，茶气悠远。

花草茶 洛神花

产地：广东、广西、台湾、云南、福建等省（自治区）

洛神花又称玫瑰茄、洛神葵、山茄等，广布于热带和亚热带地区，原产于西非、印度，目前在我国的广东、广西、福建、云南、台湾等地均有栽培。洛神花茶有美容、瘦身、降压之功效，很适合现代女性饮用。洛神花茶中含有的木槿酸对治疗心脏病、高血压等病症有一定疗效。

茶叶特点

外形：外形完整，透着鲜红。

气味：洛神花香。

手感：光滑蓬松。

香气：淡淡酸味。

汤色：艳丽通红。

口感：微酸回甜。

叶底：叶底匀整。

功效

1. 清热解暑：洛神花茶中含有人体所需氨基酸等成分，具有调节胃酸、清热解暑的作用。

2. 美容养颜：洛神花茶中含有维生素 C，有美容养颜的功效。

冲泡

【茶具】带盖玻璃杯 1 个。

【方法】

1. 冲泡：将 5 克洛神花茶投入玻璃杯中，冲入 95℃左右的水，加盖泡。

2. 品茶：待茶汤稍凉时小口品饮，初入口有微酸之感，酸后回甜。

花草茶 | 小叶苦丁茶

产地：四川、云南、贵州、浙江等省

小叶苦丁茶，被誉为“绿色金子”，具有特殊保健作用。苦丁茶主要分为两种：一种是产于海南、广西等省的大叶苦丁茶，另一种是产于四川、云南、贵州以及浙江等省的小叶苦丁茶。小叶苦丁茶因具有消暑消倦的功效而深受我国南方地区的人们所喜爱。

茶叶特点

外形：紧细均匀，色泽润绿。

气味：苦丁清香。

手感：光滑柔韧。

香气：清香四溢。

汤色：碧绿清澈。

口感：回味甘甜。

叶底：翠绿鲜活。

功效

1. 缓解大脑疲劳：小叶苦丁茶略苦微甘，神清气爽，富含硒元素，有缓解大脑疲劳之功效。

2. 消炎降暑：小叶苦丁茶夏季饮用，其消炎降暑、清热解毒的效果尤佳。

冲泡

【茶具】玻璃杯 1 个。

【方法】

1. 冲泡：将 5 克小叶苦丁茶茶叶放入玻璃杯中，加开水过滤一遍后，再次注入开水，静置十余秒。

2. 品茶：茶的味道苦，回甘越久越甜，细细品味，还能闻到一丝丝清香。